舌尖上的天津

这是天津味儿

赵永强 编著

U0334292

天津出版传媒集团

天津人民出版社

图书在版编目（CIP）数据

舌尖上的天津：这是天津味儿 / 赵永强编著. —
天津：天津人民出版社, 2013.4（2013.10重印）
ISBN 978-7-201-07663-8

Ⅰ.①舌… Ⅱ.①赵… Ⅲ.①饮食—文化—天津市
Ⅳ.①TS971

中国版本图书馆CIP数据核字(2012)第226783号

天津人民出版社出版

出版人：黄　沛

（天津市西康路35号　邮政编码：300051）

邮购部电话：（022）23332469

网址：http://www.tjrmcbs.com

电子信箱：tjrmcbs@126.com

高教社（天津）印务有限公司印刷　新华书店经销

2013年4月第1版　2013年10月第2次印刷

787×1092毫米　16开本　14.25印张

字数：160千字

定价：49.80元

谨以此书献给
所有爱好天津美食的朋友

写在前面的话

编写这本书的原始动因是为赌一口气，一口闲气，便给自己找事儿，还拉上一群好友，撂下手底下的活儿，跟着我一起忙乎。

北京奥运前，各行各业宣传奥运，旅游业动静最大。某日下班前，接旅游局飞信：今晚电视台播放天津旅游节目，介绍天津小吃，请注意收看。

按时打开电视。一个吃遍天下的老面孔，走进天津食品街一家小吃店。"来一碗锅巴菜"，店员应声端上。吃家举箸大吃，随即又将头低过桌案，用手扇着舌头，夸张地扭曲着脸，呈痛苦状：说道"好咸！好咸！"

好咸？吃了好几辈子的嘎巴菜好咸？！这是正宗的天津嘎巴菜吗？岂有此理，这不坏了嘎巴菜几百年的名声，坏了天津味儿的名声吗！

从此，便憋着一口气，一定要给寄托着浓浓乡情的天津味儿正名，还天下游客一个正宗的天津味儿。

稳定情绪，扪心自问，究竟什么是天津味儿？

天津味儿，是天津卫几辈儿、几十辈儿人食随心转、深入骨髓、融入血液、刻入记忆的天津滋味儿。

街头巷尾的煎饼馃子，随摊儿而转，摊儿无定所，但它牵动着每一个天津人的心。任凭你走到哪儿，就是到了天涯海角，回忆家乡美味，首选者，依然是煎饼馃子，特别是清晨时分。有一位哥们儿有煎饼馃子膜拜情结，竟发展为一种盲目的图腾："每遇好事总要自奖一套双鸡蛋的煎饼馃子，以示庆祝；每遇难关，也要来一套，权当烧香敬了祖宗。"

沟通南北、流淌千年的大运河，给天津城载来无限的人流、物流、信息流。天津美食也随运河而来。像煎饼馃子、嘎巴菜、耳朵眼炸糕、十八街麻花等所谓正宗的天津名小吃，寻根溯源，皆各有其外埠渊源，但到了多元包容擅吸纳且精于改良的天津人手里，就有本事把它脱胎换骨升华到极致，待其落地生根，就"此味只应天津有"了。包子天下有，吃"狗不理"是吃历史故事、吃品牌、吃名号。狗不理包子已离天津百姓渐行渐远，但天下人还认它，因为它是天津味儿。德州扒鸡当然是德州籍贯，它与老路记烧鸡、同兴成烧鸡、体北八珍烤鸡争奇斗艳，毫不逊色。西食东进，俄式大餐罐焖牛肉也走进津门百姓家。天津爷们儿认了它，就像领养孩子视同己出，也就成了天津味儿。

味儿，不单指小吃，也指大菜、家常菜。"味儿"是历史，更是现实，是实实在在的身边的"她"。味儿承载着天津人或天津过客的一点儿老事儿，一点儿感想，一点儿感慨，一点儿感受，一点儿记忆。

味儿是说不清、道不明，看不见、摸不着，心里有、口中无，一说就舌下生津、且挥之不去的一种真切而玄妙的感觉。那种感受，正如宋朝词家张孝祥所言：叩舷独啸，妙处难与君说！

但愿天津的"吃主儿"和外来的贵客，跟着《这是天津味儿》，找到天津味儿。

这是天津味儿

谭汝为 教授、民俗学家

谈论天津饮食文化，两句俗语必不可少。一是"卫嘴子"，二是"当当吃海货"。所谓"卫嘴子"，一方面指天津人能说会道，另一方面指天津人好吃、懂吃、会吃、舍得吃。所谓"当当吃海货，不算不会过"，表明天津地域盛产河海两鲜，时令性极强，一时犹豫耽搁，就过这村没这店了！天津诗人周宝善《津门竹枝词》曰：时逢节令馔求精，就道出天津人在饮食上讲求"应时到节"的习俗。

天津菜肴，特色鲜明；天津小吃，风味独特。发展到今天仍极盛不衰，究其动因，一是百年老店，珍惜声誉，力求保持制作精良的传统和拔出流俗的品位；二是得益于社会消费群体的偏好。天津人在饮食上，识货认货，取法乎上，眼界颇高，专认老牌匾。因为这些老牌子货真价实，技术独到，更重要的是它们保持着传统的天津风味。据《津门纪略》记载，食者无论家住多远，都要到老牌子店铺购买，对此，不含糊不就合。例如，老天津人吃糖炒栗子，要吃东门牌坊下"郑三"炒的；吃花生，要买鼓楼下"张二"家的；吃南糖，最好是东门里永源斋的；吃元宵，要吃户部街祥德斋的；吃月饼，毛贾伙巷胜兰斋的最好；吃芝麻饼，东门一品香的最地道。家常烙，买祥德斋的；大小八件，买春涌德的。要下馆子，吃八大碗，就到十锦斋、天一坊；吃扒海参，就去聚合成；吃炸比目鱼条、扒海羊，就去宴宾楼；吃羊肉包，就去东马路恩发庆；吃猪肉包就去陈傻子；吃水饺，就到燕春坊；吃涮羊肉、烤牛肉，就到永元德……

《津门纪略》还记载着许多老字号，例如："东全居在毛贾伙巷，小菜。芦庄子风神庙玉华斋，西门内牌坊下复有顺，酱肉、杂样。归贾胡同顺昌，排骨。大胡同鸡楼，鸡油火烧。甘露寺前烧卖、大包子，侯家后狗不理、祥德斋等。"其他还有：东全号切面、鼓楼东单家包子、查家胡同小蒸食，小伙巷张小官炖牛肉、鼓楼北街于十炸蚂蚱、袜子胡同肉火烧、西头穆家饭铺熬大鲫鱼、鸭子王的卤煮鸭子、杨村糕干、芝兰斋糕干、明顺斋什锦烧饼和鸡汤馄饨、杜称奇火烧及上岗子面茶等等。——这就是旧时的饮食名店指南！

　　如今天津人，传统代代承，还非常喜欢吃大福来锅巴菜、石头门坎素包、耳朵眼炸糕、十八街麻花、白记饺子、曹记驴肉、桂顺斋点心、陆记烧鸡……喜寿筵庆，亲朋聚会，仍要到享誉津城的"老字号"，如红旗饭庄、狗不理、登瀛楼、鸿起顺、宴宾楼等。天津人为吃"名牌"，专找物美价廉、货真价实、正宗传统、口味独特的"老字号"。为了品尝或重温独特的天津风味，他们不惜从西头奔到下边，从河北跑到河西，从城南跑到城东。通过不断品尝揣摩，请教交流，天津造就了人数众多的吃主、美食家。这种特别的食俗，一代又一代地沿袭着……

　　原先出版的饮食文化读物，大致可分两类，一是菜谱式的说明文，以介绍菜品制作方法为主；二是随笔式的散文，写食客对美食的切身感受，并由此生发人生感喟。当然，对于不同的读者群来说，都是必不可少的。但由于题材和体裁的限制，前者直木无文，读来索然寡味，失之于滞实无华；后者虽以美食起兴，但言此意彼，饮食不过是引子或由头，而文化感悟却为其初衷主旨，对于寻根索骥的食客来说，未免失之于玄虚。赵永强先生编撰的本书，也谈着馔制法，也谈食家感悟，但却避开了滞实与玄虚，与上述两类书大异其趣。其特点有三：一是寻根溯源，务实求真；二是善作对比，正本清源；三是文笔清秀，图文并茂。

　　赵永强先生为研究运河文化，与天津博物馆陈克先生两度自驾沿运河两岸实地考察，足迹遍及河北、山东、安徽、江苏、浙江诸省，搜集整理了大量的第一手材料。为研究天津菜肴与小吃，他品尝并走访了数十家饮食名店，堪称天津民俗文化专家兼津味美食家。

　　书中对于许多似是而非的易混品种，进行了条分缕析的辨识，例如，将炸糕与油糕、面茶与茶汤、扁食与水饺、春卷与卷圈、回头与锅贴儿、馄饨与云吞、烧卖与蒸饺、锅饼与烀饼、火烧与烧饼、杂样与杂碎、咸食与咸饭、红锅与白锅、老豆腐与豆腐脑、青酱肉与京酱肉等不同的品种概念之异同，加以明确的区别切分。对于诸如爆散旦、扒海羊、八大碗、饹馇、大梨糕、熟梨糕等食品的命名理据，进行了细致的考证辨析。这对于广大读者不无裨益，对于外地游客，不啻为旅游观光的美食指南。我相信，这部饮食文化著作必将受到读者的欢迎。

　　是为序。

说天津小吃

2011年的中秋节前一天，笔者到北京看望红学大家周汝昌先生。93岁高龄的周汝老思维十分清晰，且十分健谈。说起天津小吃，精神头更旺，似乎回到了儿时天津旧街老巷。

"天津小吃，我跟你说吧，天津人讲吃哪也比不了。（煎饼馃子、嘎巴菜）有人给我捎过，稀软冰凉，不好带。我希望，我健康好点儿，到天津去一趟，专门吃点小吃，大棒槌馃子、豆浆。山珍海味，高级大馆子，我一概不去，去我坐不住，吃一顿饭仨钟头，那个跟我无缘。是什么呀，我最喜欢的，不知道现在还有没有，老南市的羊肉蒸饺增兴德，专门卖羊肉蒸饺，小米粥、酥脆喷香的大芝麻烧饼，我最想的是这个，可能都不存在了吧，你们知道吗？访一访。咱们就是说，天津人天分高，不是说他狂妄，那个地方生产的东西都是好的。米、面、菜，别处的比不了。真正的天津味儿，天津平民，不是高级人士的，真正的广大群众。天津原来有一种方的叫火烧。糖果也是一大行，天津有南糖、果粘、海棠粘、红果粘，棒极了。那个大南糖，大皮糖。（现在说说）过过嘴瘾。还有八宝粥。我当中学生的时候，凡是穷学生，没有钱的，进了市买点东西，午饭怎么办，有一个地方叫万顺成，卖什么

呢，锅巴菜，天津人叫嘎巴菜。天津的戏园子、杂耍园子，特别是南市一带，最为兴盛，当演唱进行的时候，有串坐的，托着一个什么那个糖啊小吃，那个芝麻糖呀，不是搁嘴里化的，是切好了，酥脆上面撒着粉红色的白糖，又酥、又脆、又香。"

周汝老没有忘记天津的小吃。天津小吃寄托着周汝老的一片乡情，他渴望着再回故土，重温儿时的快乐。天津小吃一溜儿摆开，等着周汝老回家看看品品说说。

应笔者之邀，老先生赋词一阕：

西江月
——题《这是天津味儿》

源起大明永乐，

津门拱卫神京。

安徽军户御林兵，

口味超乎常境。

六百年来民创，

正餐小吃都精。

新书一卷作食经，

沽上流传称盛。

目录

001

馃子 油炸桧

棒槌馃子是把适量的盐、碱、矾用开水化开和面，搋透揉熟饧好，在油案（或面案）上开条，做成面坯，再把两小条面坯摞在一块，抻成长条形，放油锅里炸熟炸透。因外形似棒槌，故名。

馃篦儿极薄且脆，用面必须筋道，以便于拉抻。将和好的面制成方形坯子，四面抻拉至极限，顺入热油锅，待即将定形时，在三分之一处折叠，使其成为16开杂志大小的长方形，以便携带。

馃子是天津人对油炸类面食的泛称，因各品类的形态有别而称呼不同，如棒槌馃子、馃篦儿、馃头儿、大糖馃子、糖皮儿、大小馃子饼、鸡蛋馃子等。

馃子何时出现于天津？民间流传，宋朝大奸臣秦桧夫妇害死岳飞之后，迫害为岳飞鸣冤的百姓，激起民愤。一位名叫施全的义士，行刺秦桧未遂而被砍头示众。其兄施中夫妇装扮成渔民，从临安（现杭州）乘一小船顺运河北上逃到直沽（今天津）。施中在三岔河口搭窝棚住下，改名朱钦惠（谐音诛杀秦桧）。夫妻二人以卖杭州油炸面食为生。

"油炸桧"，意思是炸死秦桧和王氏这对狗男女，将其咬碎嚼烂，以解心头之恨。油炸桧上市，人们纷纷购买。朱钦惠夫妻虽累，但卖油炸桧既解恨，又赚钱，心中十分高兴。秦桧死后，人们又将"油炸桧"改名"油炸鬼"，意思是秦桧死了变成鬼，人们也饶不了他。到了清朝年间，改称"棒槌馃子"，并沿用至今。时至今日，江南很多地方，包括港澳地区仍有"油炸桧""油炸鬼"的称呼。香港作家欧阳应霁感叹，因为一种食品而记住一个人名，千年不变，实属奇迹。

天津人爱吃馃篦儿，因其极薄且脆，北京人称之"薄脆"。馃篦儿用面必须筋道，以便于拉抻。将和好的面

制成方形坯子，四面抻拉至极限，顺入热油锅，待即将定型时，在三分之一处折叠，使其成为16开杂志大小的长方形，以便携带。郭德纲的相声《文章会》，说金庸金大侠与其"论道"，其间郭问金大侠要"镇尺"的，还是要"书本儿"的。"镇尺"即夹棒槌馃子的煎饼馃子，"书本儿"即夹馃篦儿的煎饼馃子。可见，天津煎饼馃子离不开棒槌馃子和馃篦儿。

馃头儿、糖皮儿、鸡蛋馃子，是炸棒槌馃子甩下的面头炸制而成。馃头儿如成人手掌大小，比馃篦儿厚，比小馃子饼薄，中间划三刀，以便炸熟炸透。若在馃头儿一面附上红糖油面，就成"糖皮儿"了，亦称"糖盖儿"。

鸡蛋馃子是用炸馃头儿的面坯子下油锅稍炸至中间起鼓，形成"口袋"，捞出稍晾，一侧开口，将生鸡蛋磕开灌入，捏紧口顺入油锅，温油炸透，色泽金黄，外脆里嫩。因外形如鼓，也称"鸡蛋鼓"或"鸡蛋荷包"。北京人称为"炸荷包蛋""炸布袋"。

大、小馃子饼，基本上是一个面坯。大馃子饼为圆形，直径一尺开外，中间有几刀开口，便于炸熟；小馃子饼个小，长方形，如24开书儿。在北京小馃子饼常见，他们称为"油饼"。大馃子饼加红糖油面，就成了"大糖馃子饼"了。另外，天津人将馓子、排叉也习惯归入馃子一类。过去还有老虎爪、麻叶、花篱瓣、长坯等，现已不多见。

天津人吃馃子多为早餐，配豆浆、老豆腐、嘎巴菜、面茶等。馃子油腻，与相对"素净"的吃食配伍，方为调和，其中尤以煎饼馃子为代表。另外，热大饼夹棒槌馃子或馃篦儿，佐以豆浆，堪称绝配。

早点组合老哥儿仨

刘哲 天津电台《话说天津卫》主持人

大饼夹馃子加热豆浆，是天津早餐食谱中的经典组合，其普适性堪比煎饼馃子，甚至超过煎饼馃子。大饼、馃子、豆浆，价廉物美，既美味营养，又解饿搪时候，所以广受大众欢迎。

如今已百岁高龄的姥爷是地道的老天津卫，生于三岔河口的对槽河船上，老人家至今每天早点离不开这老三样儿，偶尔家中预备了牛奶、面包、蛋糕、三明治之类的东西，他也不驳面子地接受，但却蜻蜓点水浅尝辄止，末了会告诉你："吃着不那么舒服，咱这架眼儿里没有放洋玩意儿的地方。"天津人吃早餐的这一点细节或许也能透出天津的地域文化内涵——虽说土洋结合，但传统仍是主流。

大饼、馃子、豆浆，犹如孪生老哥儿仨，老天津卫人就是这样排序，首先颠倒不得，其次谁也离不开谁，少一样就不完整不完美。友人曾与我探讨，为嘛大饼夹馃子吃到嘴里才香？一样咬一口，不也是一样吗？中国烹饪美食讲究综合与协调，举凡饺子、锅贴、馅饼、回头，以及元宵、粽子、捞面等，莫不是调和艺术的结

晶。您听说过吃饺子，馅和皮两拿着吗？除非是火大了煮成了片儿汤；抑或吃捞面，卤子和面条分离，一样一口地吃吗？除非遇到本山大叔那么抠儿的。大饼夹馃子，尤其是热大饼夹新出锅的棒槌馃子，外软内脆，面香裹油香，外加一碗浓浓的挑得起皮儿的热豆浆，荤素交融，干稀搭配，营养配伍，如此组合，方成经典！

当然随着时代的变化，根据个人口味喜好不同，也衍生出了这老哥儿仨其他的配合套路，比如我这样的年轻人就喜欢把馃子蘸着豆浆吃，或是撕成一块一块的泡在豆浆里，左手依然掐着一角热乎的死面饼，那口儿我是最得意啦，吃着美！

天津馃子品种多——棒槌馃子、馃箅儿、馃头、糖馃子、鸡蛋荷包馃子、馓子、排叉、花梨瓣等，虽外形口味变化，但小变其格却不离其宗——须与大饼配伍，堪称黄金搭档！

父亲曾提到过，经济匮乏时期，一两棒槌馃子得一两粮票八分钱，一次一人限购最多半斤（10棵）。排队等半个小时能买到手，算您幸运。为一饱口福，起大早排大队，再正常不过。对此，年轻人可能无法想象，但我们可以透过津派相声名家高英培、范振钰的相声名段儿《不正之风》中的一个包袱窥见一二。您还记得那个"后门"路子倍儿"野"的"万能胶"吗？他为了不排队买馃子，与炸馃子的徐姐"布头儿换馃头儿"，号称"关系户"！"徐姐，来俩馃头！"也曾是天津百姓嘴里风靡一时的经典语言。

据说那个年代，吃棒槌馃子真是有钱有闲的人才能享受的"高消费"。望着棒槌馃子，巴望着不就饽饽不夹饼，"让我一次爱个够"。其实不然，单吃馃子不夹饼，很快就会失去平衡，要不怎么说大饼夹馃子是综合艺术呢。

去年去美国旅游，在外西餐吃到第11天，到了旧金山，在一家天津餐馆吃早餐。嗬！真是想嘛来嘛——久违了的棒槌馃子热豆浆，顿时一股暖流流遍全身！虽缺了家常饼，但馃子浸在豆浆里，也算找到了平衡点。吃着棒槌馃子蘸豆浆，想起姥爷的"架眼儿"理论。或许这"架眼儿"就是生活习惯，就是文化遗传，就是伴你一生萦绕于心挥之不去的故乡情结吧。

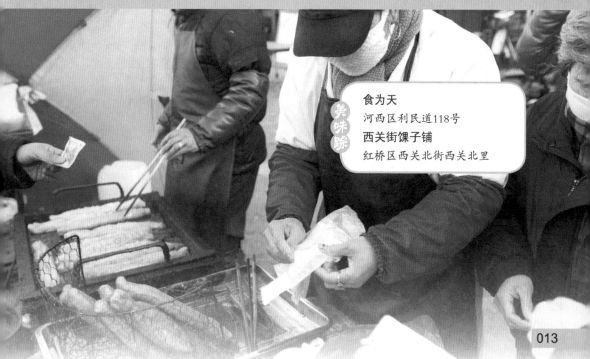

美味踪

食为天
河西区利民道118号
西关街馃子铺
红桥区西关北街西关北里

煎饼馃子

002 葱包桧

台湾著名旅游作家高文麒所著《天津食乐旅游指南》中"食在天津——天津小吃"栏首推煎饼馃子，可见其地位在天津美食中的至高无上。

煎饼与馃子组合而成的"煎饼馃子"始于何时？无从查考；但二者的原产地，却很清楚：煎饼源于山东，馃子由杭州油炸桧而来。

相传孟姜女哭长城，自备干粮就是煎饼。1967年，泰安市省庄镇东羊楼村发现了明朝万历年间的"分家契约"，其中有"鏊子一盘，煎饼二十三斤"的记载。由此确知，最迟在明朝万历年间，现代煎饼的制作方法就已存在。

山东煎饼卷大葱，这种吃法由何而来呢？但凡人间美味总伴有美好的传说——沂蒙山下弥河岸边，聪慧漂亮的黄妹子和文弱书生梁马，情投意合。但黄妹子的继母嫌贫爱富，设毒计欲置梁马于死地，打算饿死梁马。黄妹子急中生智，烙了一沓很薄的白饼，切得方方正正，状如白纸，将大葱剥叶去根如笔杆一般。让丫环将"纸""笔"给梁公子送去。梁马吃着"纸"和"笔"，刻苦攻读，精神百倍，果然中了状元。最后有情人终成眷属，夫妻仍不断重温吃"纸"吃"笔"的那段生活。于是，这个爱情故事传扬开来，煎饼卷大葱的吃法遂成民间美食。

选用大颗粒的面绿豆，将其粗磨成两半，浸泡后去掉绿豆皮，再细磨成糨糊，加上香料摊成煎饼。绿豆煎饼柔韧光洁如软缎，磕上鸡蛋，既增强了营养，又使颜色黄绿白相间，美观诱人。卷上棒槌馃子或馃箅，抹上甜面酱、酱豆腐，撒上葱花、黑芝麻。

"葱包桧"，是把"葱"和"桧"（天津的棒槌馃子在杭州叫"油条"、"油炸桧"）裹在春饼里，就是春饼与油条的组合。其做法是，白面糊摊春饼，卷上4寸许的袖珍油条和葱段，抹甜面酱，撒雪里蕻咸菜末。面香、油香、葱香、雪里蕻咸菜香浑融为一，风味独特。

杭州有一道风行千年的著名小吃"葱包桧"，是把"葱"和"桧"（天津的棒槌馃子在杭州叫"油条"、"油炸桧"）裹在春饼里，就是春饼与油条的组合。其做法是，白面糊摊春饼，卷上4寸许的袖珍油条和葱段，抹甜面酱，撒雪里蕻咸菜末。面香、油香、葱香、雪里蕻咸菜香浑融为一，风味独特。杭州网友谈吃葱包桧的感受："油香，伴着油条面皮的焦香，再加上甜酱或辣酱，送入嘴里，满口的香气在五脏六腑内游走，让人无限舒坦。""脆脆的面皮，扎实的油条，偶尔咬到的几根葱，真的是儿时下午茶全部的回忆。"

　　春饼面皮或软或艮或焦煳，而绿豆面制作的煎饼，其焦脆酥香应优于白面做的春饼。天津餐饮烹调擅长"兼容并包"——接受山东煎饼的启发，用绿豆面取代玉米面；放上鸡蛋，使煎饼脆而不焦，韧而不艮。用面香、油香四溢的棒槌馃子取代大葱，避免了刺激、生猛味道。以优化后的山东大煎饼为基础，妙取杭州葱包桧之形，经过融汇改造而创造出美味的煎饼馃子。豆面煎饼的朴素又综合了馃子的油腻，从而臻于"豆香裹油香，荤素两相宜"的境界。

　　煎饼馃子做法：选用大颗粒的面绿豆，将其粗磨成两半，浸泡后去掉绿豆皮，再细磨成糊糊，加上香料摊成煎饼。绿豆煎饼柔韧光洁如软缎，磕上鸡蛋，既增强了营养，又使颜色黄绿白相间，美观诱人。卷上棒槌馃子或馃篦儿，抹上甜面酱、酱豆腐，撒上葱花、黑芝麻。外形比葱包桧大了一倍。绿豆面香、脆馃子油香、酱香葱香腐乳香芝麻香等随着热气直沁心脾。一些煎饼馃子摊为证明其煎饼为纯绿豆制作，当众用小石磨磨浆，还出售晾干的绿豆皮。

　　一个天津记者曾写道："煎饼馃子对我简直是一种私爱，自认它是我的第一美食。这么多年，煎饼馃子对于我近乎一种诱惑，一种情结。一年365天，除去出差和一些特殊情况，我的早餐就是煎饼馃子，而且我绝不买回家、买回办公室吃，必须立于摊前，风雨无阻，现做现吃。看着摊主将以绿豆面为主的粉面均匀地摊在热铛上，随着那熟练地轻轻一磕，立刻鲜艳地沸腾起来了，这之后再抹上甜面酱、腐乳，放上葱花，再撒上一点儿香菜或芝麻，趁着热，趁着香，趁着脆，一口气吃了，那份痛快实在难以言喻。到国外考察，每每和麦当劳、邦尼以及其他什么洋鸡遭遇，总是不以为然，总觉得那些西式快餐和我们的煎饼馃子根本无法相比。"

美味踪

郭记煎饼馃子
和平区长春道与兆丰路交口

杨姐煎饼馃子
和平区黄家花园岳阳道鑫东公寓
楼下新华书店对面襄阳道3号

卫嘴子煎饼馃子
河西区气象台路100号阳光新生活
广场1楼

煎饼馃子天津味

杜琨 今晚报《天津卫》专版责编

一套煎饼馃子，天津人吃了100多年，无论春夏，不管秋冬，每天大街小巷的煎饼馃子摊儿前总是排着那么多手里攥着鸡蛋的"粉丝"，这不能不说是天津卫、海河边才能看到的一景儿。

郭德纲有段相声，曾戏谑了"非天津卫"的煎饼馃子，说那种用白面做皮夹着霜打茄子般的油条，吃时得用火筷子往下捅。这与用绿豆面摊成圆片，打上个鸡蛋，放上两根刚出锅的棒槌馃子，点上面酱、酱豆腐、葱花的"纯天津卫"煎饼馃子一比，你就知道"为嘛流哈喇子"了。

老煎饼馃子的手艺跟现在相比还是很考究的，主要体现在四个方面。

传统煎饼馃子的第一考究，体现在裹着的这层皮儿上，摊皮儿的绿豆面儿应该是用磨盘一点儿一点儿磨出来的，不加其他面。因为用纯绿豆面儿筋力不够，摊皮非常容易破，操作很困难，所以现在很多煎饼馃子摊儿加了面粉、棒子面等，这样就比较有韧性不容易破。但这样摊出来的煎饼馃子口感就会发黏，而且豆香味也会差很多。所以用纯绿豆面儿摊皮是个不折不扣的"手艺活"。

再说说这第二考究，馃子、馃箅儿，这应该算是煎饼馃子的灵魂。早年间的煎饼馃子摊儿不光有铛还有锅，因为馃子、馃箅儿都应是现和面、现炸出来的。新摊出来的皮儿再裹上刚出锅的馃子（馃箅儿），才能保证口感脆香鲜嫩。

第三个考究，就是这个配料，煎饼馃子的配料不多，面酱、酱豆腐、辣酱、葱花。不过值得说的是这葱花：应选山东大白葱，多用葱白少用葱叶，吃起来口感好。现在市面上的煎饼馃子摊儿几乎都把葱花撒在煎饼表皮上。其实，按照老传统，应将葱花均匀撒在酱料上。然后将整理好的煎饼馃子对折，吃起来，脆中有香，葱香浓郁。另外，像芝麻、香菜、孜然、五香面等用在煎饼馃子上的配料，属于与时俱进，因为这些零碎儿在过去是没有的。

第四个考究，就是最后的煎香。以前卖煎饼馃子的，可不是把煎饼一对折成套就算完活。在对折之后，在铛上抹点香油稍微煎一下，两面都煎香后，这才算是地道的天津煎饼馃子！

煎饼馃子是天津卫的小吃符号，只有九河下梢的人才能烹出原味。天津人讲究，铁撑子、竹质蝴蝶铲、恰到好处的火候和用海河水和的豆面浆料——金木水火土在这套别致的早餐中，演绎了相生相克的中国哲学。

关于煎饼馃子的来历有一个神奇传说：相传清朝末年，山东省有一个人擅长十八般武艺，尤擅使刀，可谓是出神入化，无人能及，所以人称"老刀"。"老刀"本人是个小生意人，虽然习武但性情温顺，是一个非常讲究武德的人。后来因路见不平拔刀相助，反而遭人暗算，不得已背井离乡，开始逃亡生活。一日"老刀"捡到了一小袋面粉和两根"油炸桧"（现如今的馃子、油条），当时阳光分外刺眼，晒得身后背着的刀片子滚滚发烫。老刀实在饥饿难耐，灵机一动把河水倒进面粉，再把面糊倒在刀片上，薄薄的面糊在滚烫的刀片上瞬间成了张薄饼。"老刀"刚要吃，又想到家乡的煎饼卷大葱，于是把捡来的"油炸桧"卷入其中。

由于饥饿，"老刀"三两口吃了一大半。这时才想应该起个什么名字。因为形似山东煎饼，但卷的不是大葱是"油炸桧"，也不能叫煎饼卷大葱，所以就叫"煎饼裹着"。

经多年流亡，老刀定居天津卫，于是也把"煎饼裹着"带到了天津。后来，这种吃法颇受欢迎，逐渐推广开来。"煎饼裹着"，因方言变音，就成了风靡天津卫的煎饼馃子。

003 嘎巴菜锅巴菜

天津人称"锅巴菜"为"嘎巴菜"。有人说，嘎巴即锅巴。其实，不然。"锅巴"是锅巴，"嘎巴"是嘎巴，是截然不同的两种食品。

天津人习惯将铁锅焖米饭时锅底结痂的部分称为"锅巴"，由此烹制的菜肴如"虾仁锅巴""三鲜锅巴""天下第一响"等。也有天津人将"锅巴"称"嘎巴"的，但一定要在"嘎巴"前加前缀，如"饭嘎巴""米嘎巴""米饭嘎巴"。天津人说"嘎巴"，是面制品，多指熬玉米面粥或棒糁粥时锅底的结痂物。摊煎饼多用玉米面、大米面、小米面、绿豆面，与天津人说的嘎巴为同一制品。碎煎饼加卤汁，即是"嘎巴菜"。

有人引述蒲松龄《煎饼赋》中盛赞以切条的煎饼泡卤的吃法："更有层层卷折，断以厨刀，纵横历乱，绝似冷淘，汤合盐豉，末剉兰椒，鼎中水沸，零落金条。时霜寒而冷冻，佐小啜于凌朝，额涔涔而欲汗，胜金帐之饮羊羔。"将嘎巴菜与煎饼的关系交代得一清二楚。

天津卫有句老话，叫"先有煎饼馃子，后有嘎巴菜"。过去，天津摊煎饼馃子的将摊碎不成形的煎饼留自食用，并自制卤汁，将碎煎饼泡在卤汁里做成菜品，于是新品种——嘎巴菜诞生了。

天津人说"嘎巴"，是"面"制品，多指熬玉米面粥或棒糁粥时锅底的结痂物。摊煎饼多用玉米面、大米面、小米面、绿豆面，与天津人说的嘎巴为同一制品。

天津人习惯将铁锅焖米饭时锅底结痂的部分称为"锅巴"，由此烹制的菜肴如"虾仁锅巴""三鲜锅巴""天下第一响"等。

《天津特产风味指南》记载了嘎巴菜的来历。早年天津大直沽穷苦的李奶奶，救济了一位进京赶考的青年学子，他因盘缠用尽而陷于困境。李奶奶将家中熬粥时残存在锅沿儿上的嘎巴用水煮开，放些佐料，为学子充饥。后来，这位学子中了状元，以巡抚大员身份来天津视察时，重礼酬谢李奶奶以报一饭之恩。他对天津县官赞扬嘎巴菜如何美味。县官请李奶奶到衙门一展厨艺。李奶奶只得用杂豆面调水成糊，在铁铛上摊成薄饼切成条，聊作嘎巴。用鸡汤打卤，将嘎巴盛碗，加上佐料。县官吃后，甚感新奇，赞不绝口。自此，嘎巴菜竟在天津流传开来。

不知哪年哪月哪位文人将"嘎巴菜"写成"锅巴菜"，似乎"锅巴"文雅。岂不知，混淆了两种食品的概念。

天津制作嘎巴菜的饭馆很多，盛极一时的有张茂林锅巴菜、宝和轩锅巴菜，最负盛名并传承至今的当属大福来嘎巴菜。

嘎巴菜用八分上等绿豆混合二分小米或大米磨面调糊，摊成煎饼，改刀成六厘米长、一两厘米宽的柳叶条。制卤分两步，先将葱、姜、香油炝锅，炸香菜梗至焦黄色，再加入面酱、酱油、八角粉，锅开后制成卤料。另烧清水加大盐搅拌，融化后两锅合一，待开锅后下姜末、五香面、大料，上好团粉勾芡制成汤卤。出售时，嘎巴放入汤卤略微浸泡搅拌，随即盛于碗内，不粘不散，松软筋道。上面放绿的香菜末、酱黄的麻酱、粉红的酱豆腐汁、鲜红的辣油、黑的炸卤豆干丁等小料，以调味调色。一碗嘎巴菜五颜六色，咸香醇厚，香菜、八角味儿扑鼻。特别是用洗面筋洗出来的浆粉打的汤卤，黏稠适中，浸润着嘎巴，不糗不澥，齿颊生香，回味绵长。

连吃六碗嘎巴菜

刘儒杰 文史学者

来到天津，您要是没吃嘎巴菜，那您可没算到过天津卫。为嘛？因为它是天津独有的小吃，至今仍受百姓喜好。中国十大优秀拳种之一——开门八极拳第七代掌门人吴连枝即是嘎巴菜的拥趸。

吴连枝，河北省沧州市孟村人，自幼随父吴秀峰在天津生活，与嘎巴菜结缘。回原籍后，对嘎巴菜仍是念念不忘。每次进津，必吃嘎巴菜，曾创下一次吃六碗嘎巴菜的纪录。65岁的吴连枝，传播开门八极拳，徒弟众多。他足迹踏遍中华大地和数十个国家，可以说是品尽天下美味，但对嘎巴菜情有独钟。他嗜吃嘎巴菜，且还研究嘎巴菜，说起嘎巴菜，如数家珍。

如何判别嘎巴菜的质量？一是嘎巴品质，精品嘎巴用绿豆为主料，配置少量老米。以吃出豆香和米的脆感为佳。绿豆用时要去皮，豆米配比随季节变化而不同。二是嘎巴外观，正宗嘎巴外观为浅豆绿色，呈柳叶状。三是卤汁外观，颜色鲜亮，

稠而不黏，吃尽碗中嘎巴，余汁不澥不散。四是卤汁品质，正宗为素卤，而鸡蛋、牛羊骨汤等皆为新创，很难吃出嘎巴菜精纯原味儿。五是卤汁制法，嘎巴菜卤汁是两锅成型：第一锅为卤汁酱料，第二锅为卤汁成形。嘎巴菜为混合味小吃，如香油使用不当，可使食客感觉不到"混合"气味。

嘎巴菜盛行天津，起源于天津城西，做嘎巴菜的高手多在天津西北部。从天津西站下火车或长途汽车，走不多远就有正宗嘎巴菜铺：西站南面芥园道与复兴路交口南侧、复兴路东侧的早点铺，黄色的平房门脸，专卖嘎巴菜，铺面没名没号，店主人是原锅巴菜名店专司调卤的掌勺；西站南段西北角铃铛阁地区南小道子的"小车锅巴菜铺"，老掌柜是原嘎巴菜名店摊嘎巴的高手；西站西北边，平津战役纪念馆北面，中嘉花园十字街口的"二李锅巴菜"，店主13岁进嘎巴菜名店学徒，兼取众家之长，嘎巴菜味道最好。

美味踪

大福来
红桥区丁字沽一号路26号
二李锅巴菜
红桥区中嘉花园怡水苑1号楼底商103号
真素诚美食园
南开区西湖道与玉泉路交口
食为天
河西区利民道118号

老豆腐

004

豆腐脑

西汉时，道教盛行，淮南王刘安聚集一群道士炼长生不老丹，丹没炼成，却发明了豆腐。自此，豆腐发明就归功于淮南王刘安了。1960年河南密县发现的汉墓画像中就有豆腐作坊的石刻。盛产大豆的黑龙江省三江平原地区，将豆制品分为"干豆腐""湿豆腐"两大类。豆皮、豆丝儿、豆干属于干豆腐类；而豆腐脑、老豆腐则应归为"湿豆腐"类了。

豆腐脑和老豆腐是一对亲兄弟。梁实秋《雅舍谈吃》说豆腐脑与老豆腐的区别："北平的'豆腐脑'，异于川湘的豆花，是哆哩哆嗦的软嫩豆腐，上面浇一勺卤，再加蒜泥。""'老豆腐'另是一种东西，是把豆腐煮出了蜂窝，加芝麻酱、韭菜末、辣椒等佐料，热乎乎的连吃带喝亦颇有味。"

《故都食物百咏》中对豆腐脑和老豆腐另有描述。豆腐脑是："豆腐新鲜卤汁肥，一瓯隽味趁朝晖。分明细嫩真同脑，食罢居然鼓腹旧。"注说豆腐脑最佳之处在于细嫩如脑，才名副其实。它的口味应咸淡适口，细嫩鲜美，并有蒜香味儿。老豆腐则是："云肤花貌认参差，未是抛书睡起时，果似佳人称半老，犹堪搔首弄风姿。"注说："老豆腐较豆腐脑稍硬，外形则相同。豆腐脑如妙龄少女，老豆腐则似半老佳人。豆腐脑多正在晨间出售，老豆

天津人认可的"老豆腐"，实际上是老嫩相宜的豆腐，而绝非"煮出了蜂窝的老豆腐"和"哆哩哆嗦的软嫩豆腐"。

天津的老豆腐，既浇卤，又加佐料。无论回汉，均为荤卤，大多使用肥鸡"吊"（熬制）汤。大料、桂皮、葱姜米炝锅，倒入鸡汤，加精盐和酱油，放入黑木耳、黄花菜、香菇丁，飞入鸡蛋液，水淀粉勾芡成卤。卤呈酱红色，不澥，不坨。配料有酱黄色的麻将黑亮色的花椒油、绿色的韭菜花，鲜红色的辣油、水白色的蒜泥汁（现为蒜末水）任食客自选。

腐则正在午后。豆腐脑浇卤，老豆腐则佐酱油等素食之。"其实，这都是北京人对豆腐脑和老豆腐的认识。

以梁老先生和《故都食物百咏》的归类概念，每日清晨常伴天津人早餐饭桌的，多豆腐脑而少老豆腐。其实，天津大多数百姓将浇卤的称为"老豆腐"，而将不浇卤，只加佐料芝麻酱、花椒油、辣椒油和韭菜末（天津叫"韭菜花"）的称为"豆腐脑"（如"饶阳豆腐脑"）。从豆腐的本质上讲，天津人认可的"老豆腐"，实际上是老嫩相宜的豆腐，而绝非"煮出了蜂窝的老豆腐"和"哆哩哆嗦的软嫩豆腐"。天津的老豆腐，既浇卤，又加佐料。

天津老豆腐重在制卤。无论回族汉族，均为荤卤（这与天津另一美食嘎巴菜正相反，嘎巴菜卤必为素卤）大多使用肥鸡"吊"（熬制）汤。大料、桂皮、葱姜米炝锅，倒入鸡汤，加精盐和酱油，放入黑木耳、黄花菜、香菇丁，飞入鸡蛋液，水淀粉勾芡成卤。卤呈酱红色，不澥，不坨。这算最普通的老豆腐卤。

高级一点儿的，还有虾子卤和肉末卤。最讲究的是清真的羊肉末口蘑卤，其将口蘑洗净用温水浸泡出口蘑汤，然后捞出口蘑改刀切片。将凉水锅烧开，放入羊肉末、水面筋小块、酱油、精盐、口蘑汤，水淀粉勾芡。停火后，把口蘑片撒到卤上，用香油炸花椒油，趁热浇在口蘑上，再与提前调制好的卤汁勾兑在一起。口蘑香、羊肉香、豆腐香混合一起，美不胜收。

卖老豆腐用黄铜片做的平勺扢半碗豆腐，再浇卤，淋上香油调稀的酱黄色的麻酱、香油炸制烹入酱油的黑亮色的花椒油、绿色的韭菜花。其他佐料，如鲜红色的辣油、水白色的蒜泥汁（现为蒜末水）任食客自选。

另外，在我国北方久负盛名的河北饶阳豆腐脑于1934年进津，曾风靡一时。饶阳豆腐脑的创始人韩玉在河北饶阳城关以卖豆腐脑为生，早在清朝光绪年间，因他投料考究，已成为饶阳地区远近驰名的风味食品，但目前在天津已不见踪影。

天津人说的"老豆腐"，其实是浇上卤加佐料的"嫩"豆腐。外地朋友到天津旅游，别忽略了天津"老豆腐"名实之别。

老豆腐之不了情

薛晖　教育工作者

在天津城区最流行的小吃是天津老豆腐。说起老豆腐，为嘛受到大众的喜爱，因为它取料普通但做工精细，加之物美价廉，故此，成为市民阶层早餐的首选。老豆腐由嫩豆腐和卤及小料组合而成。上好的黄豆经浸泡，用石磨研磨成豆浆，烧开后加入石膏卤点成滑嫩的豆腐。大锅放底油，葱姜大料炝锅，放酱油、木耳、花菜，加入鸡汤或骨头汤，水沸后加入淀粉调成稀卤，点香油。在盛碗时，先盛豆腐再盛卤，最后依次放上麻酱、辣油、酱豆腐、花椒油、蒜水等小料。一碗热气腾腾的豆腐脑，配上一个窝头俩馃子，那就是一顿美味早餐。

萝卜白菜，各有所爱，天津卫很多人也喜欢喝白豆腐。所谓白豆腐，就是嫩豆腐上浇豆浆。这白豆腐吃起来，那是另一番滋味，堪称醇正与素净的契合。

天津人把早餐称为"早点"。天津人讲"派儿"，从吃开始。"派儿"足的人，吃早点讲究"味儿"要地道。西大湾子大福来锅巴菜，西关街"饶阳豆腐脑"，如意庵"红星包子"，西北角面茶、素包，人们认的是字号，吃得是味儿。城里城外的人们，早起遛早就奔这些地方，颇有"不怕远征难"的眼光与气魄！至于一般平头百姓，满大街的各色小吃就是每天的首选。偶尔遇上方便的时候，也得品尝一两次地道玩意儿。这是天津人福分与格调的融合。

我属于50后，新中国成立后出生，从幼时开始即享受津味食文化。天津各种风味小吃一旦落地天津，就不期而然地打上津味烙印。经过手艺人不断改进和打造，形成拔出流俗、登临绝顶的天津特色。我走遍大半个中国，品尝各地小吃，虽感各具特色，但总觉得不及天津的地道，尤其是对天津的老豆腐情有独钟。这是为什么呢？说起来还有一段刻骨铭心的经历和故事。

我家居南运河畔，门前是旧的津杨公路，南运河从后门流过，河对岸是茂密的桃林，家门往西是一座水陆两用的码头。20世纪五六十年代，常有运粮菜、送土的商船在码头停泊。

山东、河南、河北的船夫和小贩在此聚集，因此旅店、食肆、杂货铺、酒馆、茶馆一字排开，很是热闹。我家门前是一块空旷地，常有卖秫米饭的、剃头的、卖老豆腐的聚此。当时我四五岁，不大懂事，常在他们中间嬉戏玩耍。缝鞋的伍大爷把我抱在怀里给块糖吃。卖老豆腐的四大爷也常将下街（gāi）时剩下的老豆腐给我盛上一小碗。时间长了，我就喜欢上了老豆腐。大约是1958年吧，四大爷合并到国营早点部，不出摊了，坑得我哭了好几天，才慢慢淡忘了吃老豆腐的事。随着一天天长大，我与老豆腐的情结却越来越深。

三年自然灾害，粮油定量供应，市场紧张。但我依然保留着早点喝老豆腐的传统。一次，大家排队买早点，我前面站着环卫局几个工人。快轮到我买时，从队外又夹进一个穿环卫制服，面色黑黑的大眼睛阿姨。说来也巧，给黑脸阿姨盛完老豆腐后，服务员叔叔告诉我：老豆腐卖光了，后面的小朋友明天再来吧。我不相信，乞求服务员叔叔："你们给我盛一小碗吧。"叔叔抱起我，让我看看空空的锅底，我默不作声地走出早点部。没有吃上老豆腐，回到家中趴在妈妈的怀里大哭一场。我怨服务员叔叔为什么不多做一些，让那么多人失望离去。我更恨那位大眼睛阿姨夺走了我的美餐。从此，尽管大眼睛阿姨长得很俊，但我心里讨厌她。

后来，偶然一天，我和阿姨在公交车上邂逅，看到她一头白发，有神的大眼睛早已失去了往日的光泽。我向她送去了和解的眼神和微笑，但她对这件事，似乎一无所知。

美味踪

食为天
和平区贵阳路50号
耳朵眼炸糕店
红桥区大胡同商业街32号
中山美食林
和平区西康路35号
大福来
红桥区光荣道70号

005 面茶 茶汤

制作面茶先把糜子米泡胀，磨成糊糊调稀，往大锅开水翻花的地方浇，边浇边搅。再用细火慢熬至糜子面成粥定型。成型的面茶色泽淡黄、咸淡适口，糜子独有的香气扑鼻。售卖时，先盛半碗面茶，撒上一层芝麻盐，淋上一层麻酱，然后再将面茶盛满，再撒上一层芝麻盐，淋上一层麻酱。

天津茶汤主料是秫米面（即高粱米面），加少许糜子面，用翻滚的开水将其冲成糊状，再放入红糖、白糖、青丝、红丝、桂花酱、麻仁、松仁、桃仁、果脯、葡萄干、京糕条等五颜六色的配料。不用筷子不用勺，而用特制小铜铲舀着吃，香甜滑爽，极为可口。

面茶和茶汤，一字之异，却为迥然不同的两种吃食。没品尝过面茶和茶汤的食客，特别是年轻人，不免将面茶、茶汤混为一谈。

天津面茶是清真早点的名品之一，主要原料是纯糜子面，制作考究。先把糜子米泡胀，磨成糊糊。用大锅大火将水烧沸，加入盐、碱矾、姜粉熬一会儿，将糜子糊糊调稀，往水翻花的地方浇，要一直保持水翻花，边浇边搅。然后用细火慢熬十来分钟，至糜子面成粥定型，封火保温。也有用电热管加温热水保温的，这样可以保持面茶的温度，又可避免煳锅底，出现异味。成型的面茶色泽淡黄、咸淡适口，糜子独有的香气扑鼻。调料制作也很讲究，芝麻用开水烫透后再炒制。在快炒熟时加入精盐，炒干水气，再擀压为末，制成芝麻盐。麻酱用小磨香油调稀。

售卖时，将面茶盛入碗中，撒上一层厚厚的芝麻盐，再淋上一层麻酱，这叫"单料"的。先盛半碗面茶，撒上一层芝麻盐，淋上一层麻酱，然后再将面茶盛满，再撒上一层芝麻盐，淋上一层麻酱，叫"双料"的。一些会吃的顾客先要一碗"单料"的，用热棒槌馃子抹着把浮头儿的小料吃完，再去加一层小料。但是"单料"的吃法现在已经没有了。面茶的吃法，讲究不动筷子不动勺。食客左手五指托碗，送至嘴边微微倾斜，将面茶轻轻吸入口中，吸溜声不绝于耳，吃面茶出声不算露怯；右手持棒槌馃子，待面茶吃到中途，可

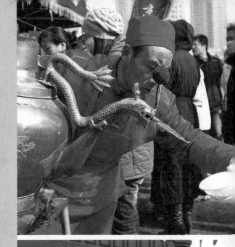

用棒槌馃子轻轻推顶面茶，不使面茶挂碗。同时，还可以用棒槌馃子清理不留神挂到嘴边的麻酱和芝麻盐。吃完面茶，要做到碗光、嘴光、手光，讲究和乐趣尽在此中。

北京的面茶用小米面熬糊，为增进口感加姜粉。梁实秋老先生在《雅舍谈吃》中写道："'面茶'在别处没见过。真正的一锅糨糊，炒面熬的，盛在碗里之后，在上面用筷子蘸着芝麻酱撒满一层，唯恐撒得太多似的。味道若何？至少是很怪。"让梁老爷子不痛快的，可能是吃面茶时缺了天津独有的棒槌馃子。

天津茶汤，因已故天津民俗大家张仲先生当年创作的电视剧《龙嘴大铜壶》而传播久远，深入人心。很多年轻人相约去吃茶汤，往往说成去吃龙嘴大铜壶。龙嘴大铜壶上部和下部各有一圈铜饰花纹。壶嘴、壶把上方各镶饰一条铜龙。有些铜壶的壶嘴装饰成精美的龙头，壶把就是一条栩栩如生的铜龙，龙须、龙爪、龙鳞清晰可辨。龙嘴大铜壶壶身重20公斤，可盛水30多公斤。壶心是炭火炉，水烧开后，壶盖旁汽笛"呜呜"响起。冲茶汤的师傅拉开架势，左手分开五指托住盛好面料的两只碗，如托保定大铁球，呈海底捞月势；右手怀中抱月，稳稳地将壶慢慢倾斜，一股沸水如注喷出冲入碗中，不洒一滴，刹那间水满茶汤熟。而龙嘴两侧探出龙须尖端的两个红绒球，随着冲茶汤动作颤动不已。冲茶汤师傅气定神闲，姿态娴熟，动作优美，嘴里不停地吆喝叫卖。人们在品尝美食茶汤之前，犹如现场观摩艺术表演，常为之陶醉，连声喝彩。

天津茶汤主料是秫米面（即高粱米面），加少许糜子面，用翻滚的开水将其冲成糊状，再放入红糖、白糖、青丝、红丝、桂花酱、麻仁、松仁、桃仁、果脯、葡萄干、京糕条等五颜六色的配料。不用筷子不用勺，而用特制小铜铲舀着吃，香甜滑爽，极为可口。

北京的茶汤倒是用细糜子面做原材料。先用少量热水将细糜子面调匀，然后用大铜壶的开水冲熟。配料只有红糖白糖。梁老先生在《雅舍谈吃》中说："担着大铜茶壶满街跑的是卖'茶汤'的，用开水一冲，即可调成一碗茶汤，和铺子里的八宝茶汤或牛髓茶固不能比，但亦颇有味。"北京也有用龙嘴大铜壶沏茶汤的，究竟是天津师法北京，还是北京沿袭天津，看来很难叨叨清楚。

除天津、北京外，辽宁以西距沈阳两百多千米的北镇市，山西太原以及晋中地区也有面茶售卖。但面茶原料、加工和吃法，皆与京津地区迥然有别。

结缘面茶二十年

王景明　教育工作者

天津面茶，名不见经传的清真早点，对于花甲之年的我来说，却有不解之缘。

我儿时住在红桥同义庄大街一个回族聚居区。记得20世纪50年代，周边的清真早点小有名气，远近人们都慕名前来享受美味。大街上"炸糕刘"和"炸糕李"相互媲美；旱桥的鸡汁老豆腐、陆记汤面炸糕，北竹林的五星豆浆，大街东口的煎饼馃子、锅巴菜，西口的棒槌馃子、茶汤、杏仁茶，可谓家家美食有绝活。然而，给我印象最深的是：同义庄西口五分钱一碗的面茶。

面茶选料为纯糜子面，制作考究：先把糜子面半泡胀，磨成糨糊。用大锅大火将水烧沸，加入适量的盐碱矾姜粉熬，然后将糜子面糨糊调稀，往翻花的地方浇，边浇边搅，再用细火熬，待糜子面成粥状定型后封火保温。另外，芝麻用开水烫后，再炒成金黄色后撒盐，搅拌均匀后炒干水气再擀为粉末，制成芝麻盐。麻酱用小磨香油调稀备用。

小时候，站在店铺门口，哪怕吃不上面茶，看着师傅们盛着一碗一碗的面茶也是一种享受。那扑鼻的清香和诱人的美味，至今仍难以忘怀。师傅们先盛半碗面茶，撒上一层芝麻盐，然后将面茶盛满，再淋上一层芝麻盐，直到溢出为止。

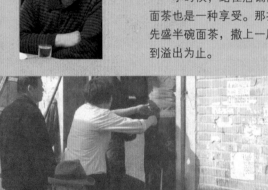

面茶的吃法讲究不动筷子不动勺。食客左手五指托碗送至嘴边，微微倾斜，将面茶轻轻吸入口中，右手持棒槌馃子，待面茶吃到中途可用棒槌馃子轻轻推顶面茶，不使面茶挂碗，同时还可以用棒槌馃子清理不留神挂在嘴边的麻酱和芝麻盐。吃完面茶做到碗光、嘴光、手光，讲究和乐趣、美食和美味尽在其中。

　　那时候，家中条件都不是很好，早晨能吃上碗可口的面茶，一天都喜不自禁。后来，上山下乡去了农村，在广阔天地时常回味天津面茶的味道。

　　返城后，如鱼得水，更离不开天津面茶。在位于西北角的铃铛阁中学上班，这里更是天津清真早点之根源所在。在这里吃了二十多年的早点，经反复品味，心中自然评出这个地界儿早点之最佳。诸如黑记老豆腐，常家锅巴菜等，坐落在无名路上的一家"勾记"清真面茶被评为最佳。老板的祖上是天津鸟市杨记面茶的创始人，老爷子当初挑担卖面茶，用炭火保温。除了早点以外，专卖晚上出入戏院的先生太太。据说老爷子还有绝活，盛面茶时左手将空碗抛向天空，右手准确无误接好再盛面茶，吸引众人围观，品尝美味。"勾记"面茶门脸不大，只做面茶生意。勾老板秉承了老传统，选料精细，制作严谨，他的面茶仍然保持天津面茶特有的味道，无论酷暑严寒，他的面茶总是门庭若市。食客大都是周边的五六十岁中老年人，更有河西、和平慕名而来的。我是这家面茶的常客，吃了大半辈子的面茶，至今退休了，仍然每天光顾。现在还多了一项任务：吃完后还要带上两碗给老伴和孙伙计，因为他们也爱吃天津面茶。

	二李锅巴菜	红桥区中嘉花园怡水苑1号楼底商103号
	上岗子面茶	河北区幸福道与江都路交口仙人渡大酒店后身
	大福来	红桥区西青道126号
	马记茶汤	和平区南市食品街东区
	津门杨氏茶汤	南开区鼓楼北古文化市场内

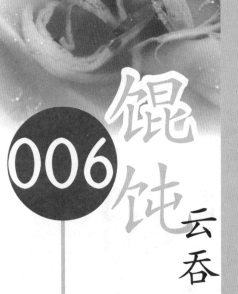

006 馄饨 云吞

"馄饨何处无之？北平挑担卖馄饨的却有他的特点，馄饨本身没有什么异样，由筷子头拨一点儿肉馅往三角皮子上一抹就是一个馄饨，特殊的是那一锅肉骨头熬的汤别有滋味，谁家里也不会把那么多的烂骨头煮那么久。"梁实秋《雅舍谈吃》道出馄饨个中三昧。

在天津，严格说来，馄饨与云吞不是一码事，绝非一物两名，如番茄、西红柿或洋车、胶皮之类。天津馄饨与北京老年间挑担卖的馄饨相同，一片薄薄的方形面片放在左手掌中，右手用筷子头挑肉馅抹在面片中间，左手食指、无名指和小指齐往中间并拢，拇指往里挤，馄饨皮（因肉馅极少，故称"皮"）成了。文人描绘天津馄饨，宛如薄纱裹胸的少妇，"白纱微透一点红"。

馄饨质量重在猪骨头汤上。正规馄饨铺（包子铺兼卖馄饨）均有小份儿煮落挂的排骨或拆骨肉出售，以示正宗骨头吊汤，绝无欺瞒。骨头浓汤与皮大馅小的馄饨皮相配，才益彰互补。配紫菜、冬菜、虾皮，淋香油、虾油，最后撒上香菜（芫荽）末，浓汤浮绿，汤浓味正。如汤不够可免费再添，这已成天津馄饨铺的规矩。精工细作，食不厌精，美食美器，海碗高汤——燕赵豪情与卫派精细在这里交融——这才是天津馄饨。

现在北京馄饨用鸡汤了，正宗的馄饨候也是鸡汤。

一片薄薄的方形面片放在左手掌中，右手用筷子头挑肉馅抹在面片中间，左手食指、无名指和小指齐往中间并拢，拇指往里挤，馄饨皮（因肉馅极少，故称"皮"）成了。配紫菜、冬菜、虾皮，淋香油、虾油，最后撒上香菜（芫荽）末，浓汤浮绿，汤浓味正。馄饨质量重在猪骨头汤上，汤头一定要足。

云吞之名，源起广东，属粤菜茶点小吃。四川叫龙抄手，福建叫扁食，湖北叫包面。使用原材料和制作方法、吃法大同小异，只是名称不同而已。云吞过去兴盛于南方，现已遍布全国。

殊不知鸡汤味清平，与皮薄馅大一个肉丸的云吞相配。如果用汤浓味厚的骨头汤做云吞，那就"肉"到一块，岂不将食客"腻"跑了！因此，骨汤馄饨，鸡汤云吞，中规中矩，不可擅变。

云吞之名，源起广东，属粤菜茶点小吃。四川叫龙抄手，福建叫扁食，湖北叫包面。使用原材料和制作方法、吃法大同小异，只是名称不同而已。云吞过去兴盛于南方，现已遍布全国。

天津最早出售云吞的是劝业场附近华中路的著名粤菜馆——宏业菜馆。以鸡蛋清和面，鲜肉鲜虾做馅，配干贝、海米、淡菜，是正宗粤味儿。云吞登上天津百姓早餐桌，是"文革"以后的事。市政府提出解决百姓吃早点难的问题，号召餐饮行业丰富百姓的早餐品种。川鲁饭庄积极响应政府号召，将云吞首推到天津早点市场。后多家跟进，使云吞遍布天津大街小巷。现在，天津人常吃的云吞已化繁为简，在保持云吞大馅和鸡汤（也有白水加鸡精的汤）的基础上，搬用馄饨小料，可谓南北合璧，实惠经济。

到江浙地区旅游，一日三餐，常见云吞身影。嘉兴"五芳斋"既卖粽子，也售大馅菜肉云吞。"五芳斋"云吞外形与天津人家冬季做的"猫耳朵"相似。苏州"绿杨云吞店"的云吞，外形像天津春卷，长方形，天津游客称之为：带汤大饺子。江浙云吞共同的特点是：个大量足，品种丰富，如荠菜云吞、鱼皮云吞、鲜虾云吞、鲜肉云吞等。鸡汤自不可少，上漂几缕金黄色的鸡蛋丝（鸡蛋摊皮改刀切成）。一碗绿杨云吞，着着实实足够壮汉"汤饱饭足"。如让天津食客为之挑刺，那就是皮太厚和馅发甜。

在南方，云吞加面条叫"云吞面"，很受欢迎。天津家庭也有这种吃食，在计划经济那会儿，副食限量供应，每人每月半斤肉，包顿饺子实属不易，尤其是家里有两个半大小子，吃起饺子来没够怎么办呢？煮饺子汤里下面条，饺子面条一锅出，美其名曰"龙拿猪"。顾名思义，面条是龙，饺子是猪，二者在大海碗里相遇，定有一场水上恶战。

江浙地区的菜肉馅云吞在天津很少见。上海进津的"吉祥馄饨"（上海人"馄饨""云吞"不分）快餐小馆专售，兴旺一时。

在天津，您得分清馄饨和云吞，别张冠李戴，乱点鸳鸯谱。

宏业云吞津门秀

谭汝为 教授、民俗学家

天津人一般不在家里吃早点。天津早点十分讲究搭配，成龙配套。过去老天津人吃早点，主要是四种组合：一去豆腐房，自带饽饽就豆腐脑，或大饼夹馃篦儿喝浆子；二上回民早点铺，芝麻烧饼配锅巴菜，或馃子就面茶；三到包子铺，肉馅包子配馄饨；四到小摊儿摊煎饼馃子，或一角热饼与卷圈儿、茄夹儿、藕夹儿等的自由组合。

过去，我习惯于一早出门，在骑车上班的路上岔着样儿吃早点，且勇于探索，立足创新——沿途名吃尽收眼底，无一漏网。我的早点，除以上四种组合外，还喜欢到辽宁路鸭子楼，鸭油包配绿豆小米稀饭，外加小碟儿酱菜；到辽宁路陆记面馆，一碗榨菜肉丝或大排汤面；到新华路和平餐厅，闵士饭（牛肉末盖浇饭）配卧果儿高汤爽口小菜；到多伦道蓬英楼，烧饼、馄饨配一盘儿排骨；到南门外大街羊汤馆，一碗羊汤俩烧饼……走哪儿吃哪儿，各擅其味，秋实春华，轩轾难分，但印象最深的，是宏业菜馆的广东云吞。

20世纪80年代中期，在天津馄饨每碗9分钱的背景下，宏业菜馆敢于出售三角六分一碗的云吞。不但一炮打响开门红，而且开启了全市云吞市场的先河，其居功至伟！闻讯前去品尝，果然美不可言。宏业云吞之特点有四：一是货真价实，蛋清和面，鲜虾鲜肉入馅；二是汤料醇正，整鸡加棒骨熬制，汤色浓

美味踪

炉炉香
和平区清河大街南市食品街南门

老永胜包子铺
南开区华苑路天华里底商（近雅士道）

惠宾饭庄
河北区中山路126号

032

白；三是小料独特，淡菜（干贝）加海米，味道独特；四是现包现煮，每碗单煮，正宗粤味儿。唯一不足，因菜馆人手少，顾客买牌儿后须到厨房自取。好在只有三五人排队，秩序井然，候时不太长。第一次端云吞时，因烫手当即放下，掌灶师傅说："端碗底，别端碗边！"

宏业一楼厅堂不大，食客不算太多。一碗云吞配俩叉烧包，一顿早点得花六角钱，在当时也算奢侈了！用餐时看到对桌一位老人很面熟：六十来岁，满头白发，面容慈祥，精力旺盛。只见他拧开小瓶二锅头，边吃边酌，好不惬意！云吞大馅儿，肉虾绝配，加上几枚黄褐色的淡菜，可充酒菜儿；羹匙细品，汤汁鲜美。忽而忆起，这位大爷是黄家花园潼关道市场售卖海鲜的摊贩，曾在他的摊儿上买过海蟹和八带鱼。我到汉沽电大开会，在逛汉沽水产批发市场时，曾看到这位老人在那儿进货。老人在早点铺从容小酌的场面，给我留下很深的印象。

宏业云吞之美味，岂能独享！遂向同道推介，反馈信息所见略同。逢周日公休，曾数次一早儿骑车前去，自带小锅买回两碗云吞和几个叉烧包，全家人共享。往返骑行约四十分钟，但乐此不疲。

20世纪七八十年代，宏业是我与好友雅集之首选。二楼雅间十人一席，自点烧鹅、叉烧、古老肉、鳝鱼糊、炒虾球、红烧元鱼等精品菜肴，也不过十四五元。90年代初，因和平站一带道路改造，将华中路东侧拆除，宏业饭馆迁出。后几经周折，不知所终。目前仍挂"宏业"牌子的饭馆有两家，一在王顶堤艳阳路，另一在绍兴道。曾兴致勃勃前去，但菜品及风格已迥然相异。正是：黄鹤一去不复返，空余其名喟叹之！

007 羊汤 全羊汤

　　羊汤是羊肉汤、全羊汤、羊杂汤、羊杂碎汤的总称。这些"汤"的区别在哪？且听在下细细分解。

　　天津羊汤，多指羊杂汤，也叫羊杂碎汤。正宗清真羊汤，汤色乳白，杂碎整齐。制作羊汤大有讲究，先将羊肝、羊心、羊肚、羊肺、羊肠、羊头肉等整件下白水锅煮至八九成熟，然后按不同部位，分别切成条、块、片、段备用；用牛棒骨、羊骨、鸡骨吊汤至稠浓乳白。出售时，将羊杂碎放在笊篱上，在汤锅汆一下焯热焯熟，放入碗中，再倒吊好的高汤入碗，撒上香菜末。食客可根据个人喜好，自行配韭菜花、麻酱、腐乳汁、辣椒油、虾油等佐料。羊杂碎也可由食客单点，或羊肚，或羊头肉，价格另算。

　　羊肺、羊心、羊肝颜色深，容易"染汤"，所以羊杂碎要单独煮。唯此方能保证羊汤色白味正，诱人食欲。有些商贩在羊汤里兑进羊奶牛乳，以正其色，但奶香压制了肉骨特有的鲜香常令在行食客退避三舍。在汤中放入鲫鱼，不仅汤色乳白，还能去除腥膻，增强鲜美。一碗正宗羊汤，汤色乳白，喝完碗底不落"渣子"，汤净碗净，那才叫地道！

　　制作羊杂汤要先将羊肝、羊心、羊肚、羊肺、羊肠、羊头肉等整件下白水锅煮至八九成熟，然后按不同部位，分别切成条、块、片、段备用；用牛棒骨、羊骨、鸡骨吊汤至稠浓乳白。出售时，将羊杂碎放在笊篱上，在汤锅汆一下焯热焯熟，放入碗中，再倒吊好的高汤入碗，撒上香菜末。食客可根据个人喜好，自行配韭菜花、麻酱、腐乳汁、辣椒油、虾油等佐料。

　　全羊汤有两种。一种如羊杂汤，但比羊杂汤丰富，头、脑、眼、耳、舌、肚、腰、心、肺、肝、肠、蹄、尾、筋、脊髓等，无一不包，每一样都要放一点儿（其实，也不可能放全，否则，就成"全羊锅"了），谓之"全羊"。还有一种，用胎羊代替牛棒骨、羊骨、鸡骨吊汤，亦称"全羊"。

　　高级羊汤店，供应纯羊肉汤，汤内加熟羊肉块或厚一些的熟羊肉片。当然价格不菲。

　　有些清真饭店，将精工细作的羊杂汤作为菜品，使不登大雅的小吃一展风采。所用主料有煮熟的羊肚、羊骨髓、羊眼、羊脑、羊葫芦（羊肚上的一个部位，靠近百叶）、羊百叶、羊肝、羊心、羊肺、羊肥肠、羊蹄筋，切成条、段、片，羊眼、羊脑、羊骨髓单放外，其他主料用沸水焯好沥水，葱姜丝炝锅，炸出香味，煸炒主料，烹料酒，放牛羊骨和鸡骨吊煮成的高汤，大火烧开改中火，三分钟后，将羊眼、羊脑、羊骨髓下入汤内。然后，盛放在讲究的大砂锅或陶质鼎器中，置于宴席中间。美食美器，俨然一道大菜。注意：羊汤不用盐，将麻酱、酱豆腐、味精、韭菜花、辣椒油、香菜末等调料单放碗中，摆在羊汤食器四周，任食者自选。

　　全羊汤有两种。一种如羊杂汤，但比羊杂汤丰富，头、脑、眼、耳、舌、肚、腰、心、肺、肝、肠、蹄、尾、筋、脊髓等，无一不包，每一样都要放一点儿（其实，也不可能放全，否则，就成"全羊锅"了），谓之"全羊"。还有一种，用胎羊代替牛棒骨、羊骨、鸡骨吊汤，亦称"全羊"。

　　各家羊汤味道不同，有简有繁，所谓"百家百味"。简单的羊汤，在主料之外加几块拍散的老姜就行了。而复杂的羊汤，要放入各种中药，有的多达四十多种——这就是各家味道不同的秘诀。此外，穆斯林有很多禁忌，例如清真羊汤禁止放羊外腰（睾丸）、胎羊、血豆腐等。

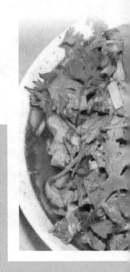

天穆小吃冠津门

穆森 文物保护专家

正所谓"民以食为天","吃喝玩乐""吃喝拉撒睡",无论是持何种生活态度者,吃无疑是排第一位的。在中国,吃不仅是生活需要,更是文化。在咱天津卫,会吃擅吃者,更被冠以"美食家""吃主儿""嘴刁"等头衔。三五聚会、呼朋唤友时,下馆子,品名吃,谈门道,那气氛,怎一个妙字了得。但凡遇到这场面,天津菜是否能单独成为一个菜系的争论便显得索然无味了,因为咱天津人的爱吃足以撑起任何场面。

在天津吃,清真菜是绝不能忽略的,否则您就是吃了也"白吃"。我一直觉得,在全国各大菜系中只有天津菜系里清真菜占的比例最大,甚至可以说没有清真菜,就是不完整的天津菜。我是回族人,只能吃清真菜,全国大部分省份都走遍了,各地的清真吃食也算尝过一些。平心而论,也只有天津菜中的清真菜是既能独当一面,又能作为天津菜的重要组成部分存在。谈天津菜,论清真美食,对于只会动嘴、绝少动脑的本人来说,未免力有不逮,幸而我生长于天津回族发源地——天穆,说几样这里的特色小吃,许还能应付。

吃什么?色香味是皮儿,历史文化传统是瓤儿,只有这样才能有趣儿。

早在洪武年间,朱元璋四子朱棣被封为燕王,驻守北平,随行的浙江钱塘人士回族将领穆重和曾驻军在直沽小孙庄。穆重和有两个儿子,名穆能、穆太,永乐二年穆氏族人乘御赐漕船来到小孙庄,安家落户,繁衍生息,从此小孙庄就变成了穆庄子,也就是今天的北辰区天穆村的大部分地区。大概到了明万历年间,穆家庄第九代子孙穆从玉率领全家迁往现在的河北区金家窑一带居住,和这里的另一些漕运回族组成了天津又一个重要的回族聚居区。至于天津人熟知的西北角回族聚居区,其形成都是清朝时候的事了。

天穆作为天津回族的根,经过六百余年的发展,在吃食上自然有着自己的一套传统,缔造出一系列清真美食。回回饮食回回做,所以从事"勤行"便成了回族人的一门手艺。像油香、馓子、散木萨属于和宗教节日有关的特殊小吃,一般不卖给外族人,而回头、烧卖、羊汤等小吃已成为天津回汉两族饭桌上的家常菜,在此也不必赘言了。我要说的是这几样,是只有在天穆吃才正宗,只有天穆人才做得地道的看家小吃。

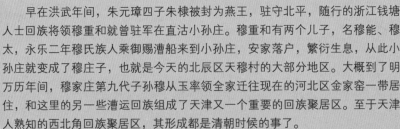

老天津卫有句俗语:"天穆回回三把刀。"这三把刀指的是牛羊肉刀、泥

瓦刀和切糕刀。除泥瓦刀是用来盖房的外，剩下那两把刀可都是做小吃的手艺。先说牛羊肉刀，顾名思义，牛羊肉是清真饮食的重要原料，天穆承担着全天津清真饮食的供料任务。牛羊肉铺是天穆人垄断的行业，据统计，现天津牛羊肉摊铺一半以上都是天穆人开办的。由此延伸的牛羊肉加工品，如"穆庄子牛羊杂"、"天穆酱牛肉"，早已名扬天津卫。尤其是天穆人制作的酱牛肉，每逢年节，外来的购买者能从天穆市场一直排队到京津公路，停的车足以让公路拥堵，路过者嗅到那股香味，保准您挪不动步。天穆人酱牛肉都会精选壮牛新鲜腱子肉，用老汤和一定比例的葱、姜、蒜、花椒等作料急火煮，慢火炖。出锅后，腱子肉色泽棕黄透亮，入嘴香醇，老少皆宜。

切糕是津京一带都有的小吃，但天穆的切糕却有着"层次鲜明、光莹透亮、甜而不腻、黏而不糊"的独特之处。最后要说的是"乌豆"（也称捂豆），其实就是煮五香蚕豆。老天津卫吃乌豆，首选是清真的，清真中又属天穆村的最好。直到今天，走在天津大街小巷中，还可见小贩用自行车驮着一个木盆，木盆中间有几道铁箍儿，挂着清真标志和"天穆乌豆"小旗，木盆口用白棉布盖着，透着一股干净利索劲儿。为此还衍生了一个美丽的传说：乾隆爷微服南巡，舟至天津北运河畔穆庄子，被一阵扑鼻而来的香味所吸引，顿时食欲大增，这才泊舟登岸寻找香味来源。这香味的来源自然就是"乌豆"了，乾隆爷吃后，赞不绝口，后将天穆店主招至宫中，专做乌豆。

传说毕竟是传说，对于真正的吃主儿而言，乌豆是否进宫成为御膳，其实并不是关键。乾隆爷爱吃也好，不爱吃也罢，都不能影响咱闻香而至，尝尝天穆酱牛肉、切糕和乌豆。

美味源		
清真羊汤洪	和平区长寿公寓2号楼
四辈羊汤	红桥区光荣道（与咸阳北路交口）
春雨羊汤店	南开区广开四马路101号

008

菱角汤

羊肉粥

羊肉粥有些像维吾尔族的"波糯"（维吾尔语）即羊肉抓饭，饭菜同煮。但羊肉粥与羊肉抓饭相比，制作相对简单：选羊肋条带软骨部位，剁成小块；锅内放羊油，六成热时下羊肉块和盐，快速煸炒至六七成熟时盛出。大火烧开水（也可用羊骨汤），将泡好的大麦仁与大米和炒好的羊肉块一起下锅，烧开后改小火煮至米粒胀开，米汤肉汁混合成粥即可。天津羊肉粥，用大麦仁与羊肉同煮，严格地讲应叫"麦仁羊肉粥"。羊肉酥烂，米汁稠浓，羊肉香混合麦仁香形成特殊香气。

羊肉的肉质细嫩，易消化，高蛋白、低脂肪、含磷脂多，较猪肉和牛肉的脂肪含量都要少，是冬季防寒温补的美味。羊肉性温味甘，有益气补虚，温中暖下、补肾壮阳、生肌健力、抵御风寒之功效，食补兼食疗。大麦仁性

菱角汤是白面皮裹牛肉馅，形似菱角，用高汤煮制的小吃。鲜嫩牛肉剁馅，加花椒水、料酒、葱姜末、香油等调料，制成牛肉水馅待用，将和好的精面擀成极薄的面皮，用刀割成两寸见方的面片，包上肉馅，卷起对折，两头尖而中间鼓，恰似菱角形状。菱角汤所用高汤，或鸡汤或牛羊骨汤，汤浓味厚。

羊肉粥选羊肋条带软骨部位，剁成小块；锅内放羊油，六成热时下羊肉块和盐，快速煸炒至六七成熟时盛出。大火烧开水（也可用羊骨汤），将泡好的大麦仁与大米和炒好的羊肉块一起下锅，烧开后改小火煮至米粒胀开，米汤肉汁混合成粥即可。羊肉酥烂，米汁稠浓，羊肉香混合麦仁香形成特殊香气。

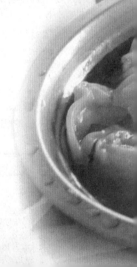

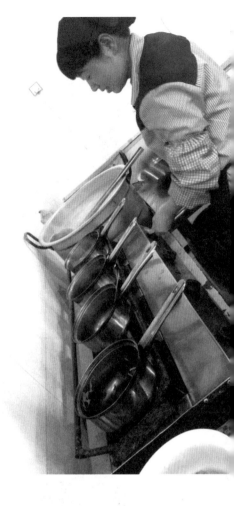

凉味甘，归脾胃经，具有益气宽中、消渴除热的功效，对滋补虚劳、强脉益肤、充实五脏、消化谷食、止泻、宽肠利水、小便淋痛、消化不良、饱闷腹胀有明显疗效。羊肉与大麦仁配伍，一热一凉，相济互补，老少咸宜，确为保健食疗之美食。

如果说羊肉粥是清真传统美食，那么，菱角汤则属于清真新兴食品。所谓"菱角汤"是白面皮裹牛肉馅，形似菱角，用高汤煮制的小吃。所谓"菱角"，只是一个比喻。其制法是：鲜嫩牛肉剁馅，徐徐加入花椒水顺一个方向搅拌，直至黏稠带劲，以在肉馅中能竖立筷子为标准，再加入料酒、葱姜末、香油等调料，制成牛肉水馅待用。将和好的精面擀成极薄的面皮，用刀割成两寸见方的面片，包上肉馅，卷起对折，两头尖而中间鼓，恰似菱角形状，放入高汤内煮熟。菱角汤所用高汤，或鸡汤或牛羊骨汤，汤浓味厚。汤中放入紫菜、冬菜、虾皮儿、香菜末、香油、虾油等小料提味提色。菱角汤多为早餐食用。

滋补佳品羊肉粥

王澍 书法家、文史学者

我出生在穆斯林家庭，喝羊汤吃羊杂是家常便饭。羊汤，区别于羊杂碎汤。源于西北、中原地区，流入天津后，成为民众情有独钟之美食。羊汤制作工艺简单，但如使人吃后不忘，回味无穷，其中学问可就大了。制作羊汤，先将羊肚、羊心、羊肝、羊肺等洗净，分别切成条或片，煮熟放在容器中待用。需要吃时，在熬制的汤中将待用的原料放入烧开，盛入碗中，再放上调料即可食用。调料也很讲究，一般应有芝麻酱、腐乳、韭菜花、香菜等。喜欢吃辣再放点儿炸辣椒油，就着刚出炉的烧饼，那味道，用天津话说，那叫一个绝。

其实，最令我念念不忘、记忆刻骨铭心的是羊肉粥，每到入秋时节，老母亲便想着给我们这些孩子添秋膘，要做一大锅稠浓醇香的羊肉粥。冬天寒冷，妈妈的一锅羊肉粥，为我们驱寒暖身。直到我结婚另立家庭，每逢进秋，老妈妈一准打电话召我们回家一

享美味。做羊肉粥不难，但须用心，挑羊肋排，剁成小块，洗净后要在大锅里熬制12个小时，再放入小麦仁继续慢煮。前后得花去一天一夜的时间方才大功告成。这样熬制的羊肉粥，香气四溢，口感醇厚，营养充分溶解，易于吸收，强身健体。不但沥去一夏天的湿气，也为冬天御寒打下基础。一锅羊肉粥，饱含了母亲对儿女的一片心。每当秋风乍起或寒风凛冽，便情不自禁想起妈妈的羊肉粥。

如今，想喝羊肉粥，只能到西马路的南大寺门前小摊上一解馋瘾。现在做羊肉粥的原料是羊肋条、燕翅骨和小麦仁，另加独门秘方，用香油提出秘方的味道。5块钱一碗，不算贵，要想吃肉，您得另加钱。正宗羊肉粥，这可能是天津独一份，还不是天天有售，因此弥足珍贵。金风送爽，玉露凝霜，天凉了，哪天咱老哥俩去尝尝？

美味源

清真羊肉粥
红桥区西马路清真南大寺前广场
致美斋总店
红桥区复兴路与芥园道交口先春园底商
穆民美食家
南开区西湖道38号

咸食
009 咸食
咸饭

"咸食"是北方一种面食小吃。天津人将"食"字读为平声，发"诗"音。天津市红桥区政协编辑了一本《红桥小吃》，写到咸食，有一段极富人情味的引述："'快把手洗干净，咸食摊好了，吃饭喽……'母亲温存地呼唤之后，我们三兄弟便甩开腮帮子。不消片刻，一摞饼，一摞咸食，多半锅粥，便风卷残云般消失殆尽。待母亲收拾完厨房回到屋里，只有小女儿在慢慢地吃着。每每见到这般'狼藉'，母亲总是十分宽慰，美在心头……"年过半百之人，似乎都有过这样的经历。

咸食制作方法很简单，将白面（也有掺一点儿玉米面的）、旱萝卜、五香粉和盐，和成稠稠的糊，往锅里滴几滴油一摊就行了。也有人将上述食材和匀，攥成团放入锅内，边煎边用铁铲儿将菜团按成韭菜叶厚的圆形，翻转至结痂即可。在面糊里打个鸡蛋代替清水调和食材，制成鸡蛋咸食。在物质极度贫乏的年头，能吃上一块鸡蛋咸食，

咸食制作是将白面（也有掺一点儿玉米面的）、旱萝卜、五香粉和盐，和成稠稠的糊，往锅里滴几滴油一摊就行了。也有人将上述食材和匀，攥成团放入锅内，边煎边用铁铲儿将菜团按成韭菜叶厚的圆形，翻转至结痂即可。

家庭做咸饭，多将剩饭和菜加入适量清水，微火慢煮，待饭香与菜香融合后即成。为病人或老人做咸饭，要用生米加时蔬青菜和荤腥补品等。

那就如同盛宴大餐了。

现在，无论家庭或餐馆，都把咸食视为制作简便的绿色保健食品：在白面鸡蛋糊中添加各式时蔬或野菜，还有放入虾、贝、参等，制成海鲜咸食。

说了咸食，再说咸饭。首先明确，咸饭不是粥。有人调侃：咸饭是坚硬的稀粥。咸饭的米粒应饱胀完整，烂若成糜则成了广东煲粥。因此，有人直称"咸干饭"。还有人以"病号饭"或"老年饭"名之。

家庭做咸饭，多将剩饭和菜加入适量清水，微火慢煮，待饭香与菜香融合后即成。为病人或老人做咸饭，要用生米加时蔬青菜和荤腥补品等。

餐馆很少做咸饭，但应顾客要求可特殊为之。近来，天津一些农家菜餐馆，多备咸饭，且品种丰富。天津咸饭颇有讲头：首先，力求清淡，咸淡适中。二是必入青菜，品种多样。大白菜、小白菜、菠菜、芹菜、倭瓜、冬瓜、胡萝卜、山药、芋头、土豆皆可入馔。

时蔬咸饭，用葱花、姜末炝锅，油少许，放入蒸好的米饭，待米饭散开时放入青菜，加盐和味精。一碗混合着菜香、油香、饭香的咸饭，定能使您胃口大开食欲大增。虾干咸饭、虾皮咸饭、小锅包鱼咸饭，搭配青菜，鲜香清爽；干贝咸饭、海参咸饭，味美醇香。

寻常香椿奇妙味

闫汉杰 公务员

每当我路过南运河畔的时候，都不免要驻足眺望，有时甚至流连忘返，任由思潮奔腾汹涌。

面对一幢幢拔地而起的高楼大厦，眼前就会浮现出这样一幅画卷：低矮的平房区，狭窄的小胡同，褪了色的朱漆大门以及不甚规整的小小四合院。这就是我曾经居住了近半个世纪的地方，一片令我魂牵梦萦的热土。这里的一切都足以让我感慨不已，难以忘怀。而其中印象最为深刻的就是那株巍峨挺拔、枝繁叶茂的香椿树。它陪伴我走过了近五十年的人生历程，见证了我一生中经历的喜怒哀乐。更难能可贵的是，它每年都会将自己嫩绿的枝芽毫无保留地贡献出来，供我们全家乃至街坊四邻做出美味佳肴，大快朵颐，享受这大自然的恩赐。

记得每年采摘香椿叶的时候，全家人几乎都会出动。母亲站在北屋的高台阶上，负责统筹调度；我自然要登高爬梯，站在房顶上或踩在枝杈上用手去掰嫩芽。随着香椿树的长大，双手够不到的地方，还特制了一个工具，在一根竹竿的顶端，绑上一个镰刀头，用它割掉嫩叶；姐妹们则负责捡拾掉在地上的，并归纳整理，有序地放在一起。此时，小院内热闹非凡，到处充满了欢声笑语，也引得附近院内的小孩跑来看热闹。

香椿的嫩芽，像毛键，一般五枝或六枝，呈浅棕色，遇热呈绿色，生熟食均可，初闻异香扑鼻，食之清香可口。它的叶子，很阔很尖，茎更细，而且十分娇嫩。捧在手里，你仿佛感觉到它在生长，在欢唱，可以闻到随风弥漫的沁人心脾的特殊清香。

　　用香椿做出脍炙人口的美味，是母亲的拿手好戏，其"香椿炒鸡蛋"就堪称一绝。把刚刚采摘的泛着新绿带着露珠的香椿叶，在水龙头下洗净，再用开水将香椿叶烫一下，捞出后放入冷水变凉，切成碎末，然后将鸡蛋磕入一个碗内，加入香椿、盐、料酒，搅成蛋糊。炒锅内放入油烧至七八成热，将鸡蛋香椿糊倒入锅内，香椿很嫩，所以这道菜炒制的时间不宜过长，翻炒至鸡蛋嫩熟，再淋上少许香油，一碟香喷喷的菜肴就出锅了。简直是色香味俱佳，足以让人垂涎欲滴。过后，则齿唇留香，久久难以忘怀。

　　"香椿素菜卷"也是母亲经常做的一道菜。方法并不复杂：先将土豆洗净去皮，煮熟捣烂成泥，再将木耳、胡萝卜切小丁，香椿芽用热水烫一下，加盐与土豆泥搅拌在一起，然后将豆腐皮铺在案板上切成中块，把搅拌好的香椿土豆泥抹在豆腐皮内，包成卷形。不论是上锅蒸还是用油锅炸，吃起来都是别具风味，耐人回味。

　　香椿的吃法很多，或凉拌，或腌制，或与豆腐一起拌冷面等等。母亲每每变着各种花样给我们做着吃，充分享受着口福。是啊，自从有了香椿这一美味后，不知给人间平添了多少道丰盛的菜品，不知迷倒了多少中外美食家。香椿树以贡献一身而赢得了人们的青睐。

　　在我心中，小院中那棵香椿树不仅仅是一幅清纯的风景画，而是一片想象和邀游的空间，仿佛时时能体味到它那浓郁的芬芳，听到人们采摘嫩芽时欢快的欢乐场景……

　　香椿树令人沉思，使人倾情。但是，唯有像母亲那样，亲手栽种一棵香椿树，心里才感到踏实。似有灵犀，前不久一位至亲送来了一株约五十厘米高的小树苗，竟使我兴奋异常。我盼望它快快长大，根深叶茂，四溢清香。

凭湖轩
南开区水上西路干部疗养院旁
利德福饭庄
红桥区西青道111号
文广渔村
北辰区大张庄镇朱唐庄

美味踪

卷圈 春卷

春卷的前身是春饼、薄饼，春饼、薄饼裹上时蔬，即成春卷。

南宋陈元靓在《岁时广记》中记载："在春日，食春饼，生菜，号春盘。"可见古人在立春之日食春盘的习俗由来已久。春盘始于晋朝，初名五辛盘：盛有五种辛荤蔬菜，如小蒜、大蒜、韭、芸薹、胡荽等，据说春日食用可排出五脏之秽气。唐时，春盘盛放的菜品愈发精美。杜甫《立春》诗曰："春日春盘细生菜，忽忆两京梅发时。"元明两朝典籍均有将春饼卷裹馅料油炸后食用的记载。至清朝，春卷名称定型。民俗认为，春日吃春卷寓吉庆迎春之意。

春卷用面粉做皮，用豆芽、韭菜、豆腐干做馅，有的放肉丝、笋丝、葱花等，高级春卷则用鸡丝或海蛎、虾仁、冬菇、韭黄等做馅。春卷馅可荤可素，可咸可甜。有韭黄肉丝春卷、荠菜春卷、胡萝卜春卷、白萝卜春卷、豆沙春卷、山楂春卷等品种。制作春卷，有制皮、调馅、包馅、炸制四道工序。以前为手工制作，近年已机械化生产，半成品速冻，供应各大超市。顾客买到家中，再油炸

卷圈的面片多为机器压制的馄饨皮，但比馄饨皮要大一些，薄且韧。也有用发开的油豆皮做卷圈皮的（其实，此乃正宗）。以绿豆芽菜、香菜（芫荽）、香干、白粉皮、红粉皮为主料，佐以酱豆腐汁、麻酱、味精、盐、香油等和成馅。将卷圈皮呈菱形放于案头，放好馅料，卷圈皮对角卷起类似裹婴儿的蜡烛包，将两头露馅的地方挂上面糊，然后下温油锅，炸至内熟外脆，出锅控油。成品卷圈，红中泛黄，外脆里嫩，油香豆香焦香腐乳香，香气四溢。

春卷用面粉做皮，用豆芽、韭菜、豆腐干做馅，有的放肉丝、笋丝、葱花等，高级春卷则用鸡丝或海蛎、虾仁、冬菇、韭黄等做馅。春卷馅可荤可素，可咸可甜。有韭黄肉丝春卷、荠菜春卷、胡萝卜春卷、白萝卜春卷、豆沙春卷、山楂春卷等品种。

后食用。一般家庭吃春卷，或家中来客，或逢年节，作为锦上添花的副菜，从冰箱中取出过油上桌，方便快捷。

有一种与春卷相似的卷圈，可能天津是独一份。做卷圈的面片多为机器压制的馄饨皮，但比馄饨皮要大一些，薄且韧。也有用发开的油豆皮做卷圈皮的（其实，此乃正宗）。以绿豆芽菜、香菜（芫荽）、香干、白粉皮、红粉皮为主料，佐以酱豆腐汁、麻酱、味精、盐、香油等和成馅。将卷圈皮呈菱形放于案头，放好馅料，卷圈皮对角卷起类似裹婴儿的蜡烛包，将两头露馅的地方挂上面糊，然后下温油锅，炸至内熟外脆，出锅控油。成品卷圈，红中泛黄，外脆里嫩，油香豆香焦香腐乳香，香气四溢。用热大饼夹而食之，美味无比。小老板会做生意，大饼夹素卷圈，赠送辣咸菜丝、水疙瘩头丝、海带丝、甚至黄瓜丝、土豆丝等，随食客口味，抹甜面酱、辣酱。卷圈已成为天津百姓早餐"支柱产品"之一。

卷圈用料无荤腥，素素净净，故又称"素卷圈"。

天津素卷圈早年有微型精品——炸素鹅脖。馅料有红白粉皮、面筋、香干、香菜、酱豆腐、花椒粉、精盐、姜末、香油，用豆腐皮将馅料卷成长条，切成两寸小段。将黏黄米泡发后碾成米浆，待发酵后兑碱成糊，以封住鹅脖两头。锅油五成热，放入鹅脖坯，半煎半炸，成金黄色出锅。炸鹅脖多用于宴席，是天津"素八大碗"中的名菜，每碗放十八块。形似鹅脖，外焦里嫩，清香筋道，味道独特。

热饼卷圈脆又香

陈克 博物馆研究员

20世纪60年代初，我在河东粮校上学时正闹灾荒，悠悠万事唯此为大的就是吃饱肚子。学校食堂饭不好，有时去外面买东西吃。出校门往南是七经路，往北过了河东老地道就是郭庄子、新官汛大街，那是人口稠密区片。老地道上坡郭庄子大街两侧小吃店铺林立，行人熙来攘往川流不息，小贩吆喝声、自行车铃铛声、说话打招呼声响成一片。粮食限量供应，买吃食凭粮票。学生时期，兜里钱少粮票有限，拿粮票只够买一样，买了大饼，就买不来别的。好在小吃品种多，挑选余地大，有的不要粮

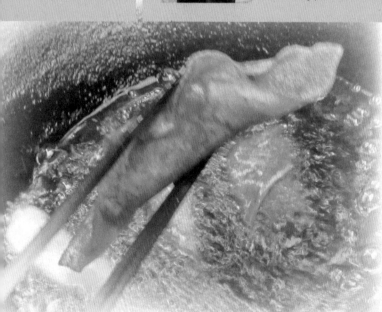

票。老火花影院旁边是烙大饼卖锅盔的门脸儿，周围有几家炸卷圈小摊。热大饼夹卷圈是我的最爱。

炸卷圈是用豆皮卷上红白粉皮、绿豆芽菜、酱豆腐、麻酱、香菜等馅料，切成段，两头裹上面糊糊，放油锅里炸成金黄色即好，外焦里嫩，诱人食欲。当时一毛钱买两个卷圈不要粮票，再来热乎乎半斤大饼一卷，吃起来又香又脆又搪时候，是一道美味可口馨香无比的素菜。

现今卖卷圈的多在早卜，供早点食用，中午很少有卖卷圈的。有一天中午，我从一大学生活区经过，见有几个快餐摊，其中一个炸卷圈的摊前围满了学生。这一下子勾起我对往事的回忆，似乎从这些学生身上看到了自己的影子，赶忙趋前，买了一份大饼夹卷圈。虽物是人非，却还是那个老味儿。卷圈的油香、豆香、酱豆腐和麻酱的素香，裹着对往昔的回忆，似乎又回到半个世纪前那苦涩而温馨的青少年时代……

美味踪

穆记卷圈
红桥区芥园道铃铛阁中学旁
食为天
河西区利民道与隆昌路交口
津津小吃坊
和平区辽宁路148号

011

烧饼
火烧

烧饼制作普通标准面粉即可。根据不同的季节，使用不同温度的水和不同剂量的面肥和面。水温过低，烙出烧饼不起个儿；水温过高易烫死酵母菌，面死不暄。天津烧饼，品种繁多。最常见的是层次丰富的油酥烧饼、芝麻烧饼、麻酱烧饼。什锦烧饼有白糖、豆沙、枣泥、红果、萝卜丝、甜咸之分。荤馅烧饼有猪肉、牛肉、咖喱牛肉、腊肠、火腿、干菜肉末等品种。

火烧是烧饼的一种，长方形，使用面剂较之烧饼更发。

据史料记载，烧饼的历史可追溯到汉朝。不过那时，称为"胡饼"，与"胡琴""胡椒"一样，是少数民族的专利。南北朝时，为避讳，遂将"胡饼"改称"麻饼"。称其"麻饼"，即外粘芝麻的圆饼。

至明代之前，"烧饼"称谓业已定型，流传至今。何以见得？《烧饼歌》创作即是明证：一日，明朝开国皇帝朱元璋早膳，拿起烧饼刚咬一口，忽报军师刘伯温求见。朱元璋用碗盖住烧饼，让刘伯温猜测碗中为何物。刘掐指一算说道："半似日兮半似月，曾被金龙咬一缺。"朱元璋很为赞叹，便令刘伯温卜测大明江山前程。于是刘伯温奉命作预言诗《烧饼歌》。

在天津，烧饼最初称为"火烧"。1918年，杜称奇夫妇两人在天津南门西鱼市姚家下厂以一张小案子卖蒸食、火烧。他烙火烧有绝招：先用大葱、大茴香把油炼制，使之入味，然后再合酥。于是，他烙的火烧味正醇香。由于杜称奇手艺超群，经营有方，业务不断扩大。不久，由支案设摊改为店铺，"杜称奇火烧"享誉津门。后进一步翻新花样，红果馅、豆馅、甜咸等火烧也很受欢迎。20世纪50年代初，京剧大师梅兰芳来津，派人买杜称奇火烧，品尝后大加赞扬。杜称奇去世后，其子继承家传技艺。为什

么杜称奇称"火烧"而不称"烧饼"？经多方打探，未果。大概是习惯称呼吧。

在此顺便说说北京名小吃——"卤煮火烧"和"褡裢火烧"。"卤煮"就是"猪杂碎汤"，与其相配的"火烧"北京人称"白瓢火烧"，就是不放椒盐和油的火烧，天津人称"烤饼"，西安人称"馍"。说白了，"卤煮火烧"就是"猪杂汤泡馍"。"褡裢火烧"的"褡裢"是取其形似，而"火烧"与"烧饼"就相去甚远了。褡裢火烧有皮有馅，油煎而成，应当属于馅饼一类的食品。天津人也有人将长方形（形似枕头）有皮有馅属馅饼一类的吃食称为"肉火烧"的。限于篇幅，不拟详述。

另外，形成于河北，盛行于京津冀的"驴肉火烧"，其"火烧"也是烧饼或白瓢烧饼，夹了驴肉，就成了驴肉火烧。火烧与烧饼渊源长久，难解难分。

20世纪40年代，天津"义香斋什锦烧饼铺"，远近知名。50年代崛起的"明顺斋馅烧饼""石记吊炉烧饼铺""品记成的烧饼"，80年代后出现的"炉炉香烧饼""杨胖子烧饼""烧饼王"等，均以"烧饼"冠名。

天津烧饼，品种繁多。最常见的是油酥烧饼、芝麻烧饼、麻酱烧饼，这是吃早点、涮羊肉的最佳搭配。什锦烧饼有白糖、豆沙、枣泥、红果、萝卜丝、甜咸之分。荤馅烧饼有猪肉、牛肉、咖喱牛肉、腊肠、火腿、干菜肉末等品种。

另有一种吊炉饼，半发面擀开后撒一些花椒盐，抹上油做成剂子，擀成烧饼状再撒上少许芝麻，放在铛上，使旺火烤；一面金黄色微微凸起，另一面用炭火烘烤发脆。刚出炉的吊炉烧饼，焦嫩同体，略带咸味，愈嚼愈香，百吃不厌。

还有一种猪油大葱的油酥烧饼。用油和面做皮，内装猪肉、大葱、香油、味精调制的肉馅，再烤烙出锅。吃时用手托着，咬一口酥脆掉皮，别有风味。

遥忆津门旧口福

张中行　学者、教授

　　闭目算算，不到天津已有三年了。记得第一次到天津是1935年前半年，其后，因为那里亲友多，并曾在那里吃了一年粉笔面儿，断断续续，住的时间总不少于三年吧？经历的时间长，近60年，食息的时间也不算短，总当有些值得说说的印象。想想，也确是这样，那么，一部二十四史，从何说起呢？忽而灵机一动，有了办法，是说一点点昔日易得，今日已不能得而想到就想吃的（这样，如狗不理包子、耳朵眼炸糕、十八街大麻花之类就可以不提）。在记忆里排队，排在最前面的两位是任一豆腐房的"浆子豆腐"或兼"豆皮卷馃子"和法租界新伴斋的"肉末烧饼"。

　　觉得好，更鲜明、更切实的是由比较来，一下描述这两种美味，就都由比较说起。先说早点专用的浆子豆腐。1956年初冬，我陪同郭、吕二君由北京往济南去调查中学使用汉语课本的情况，入夜上火车，次日清晨到济南。依"饮食男女，人之大欲存焉"的古语而行，下车先饮食。没费力，出站不远就碰到个早点铺。入门，看卖的是豆浆，很高兴。及至端来就变为扫兴，灰色，稀拉，味道也不大佳。于是就想到旧日的天津。晨起，走入任何一家豆腐房都可以，入门落座，有林下风的要浆子，有饕餮癖的要浆子豆腐（豆浆中兼有豆腐脑），盛来，都洁白如雪，浓厚得像是热稍退就凝固，味道呢，可惜就非笔墨所能形容了。早点，喝的是主，吃

的是辅，可以单吃馃子，可以超常，吃豆皮（豆浆表面凝结的薄片）卷馃子。我进豆腐房的机会不多，所以怀着佳筵难再的心情，主喝浆子豆腐，佐以豆皮卷馃子。我一生不出国门，四海之内，到的地方不算很少，单就早点的豆浆说，天津是独一无二的。可惜是革故鼎新之后，这独一就化为零，想到佳筵难再竟成真，就不禁兴起深深的怀旧之情。

再说正餐的肉末烧饼。我最初吃肉末烧饼在30年代早期，北京北海北岸的仿膳。记得只是三四间简陋平房，卖肉末烧饼，还卖小点心豌豆黄和栗子面窝窝头。据说厨师仍是御膳房的那一位，所以名下无虚士，还清楚记得，烧饼夹肉末，入口外酥内香，味之美，真是非天厨莫办。一晃60年过去，不久前又遇机会吃两次，仍在北京，一次城外，一次城内，做法当然是仿膳的，可是以目验，肉末不很碎而带油，烧饼圆周变小，扁平变为扁球；以口验，昔日的多吃而不腻变为一个未吃完就不想吃。就使我想到40年代前后天津法租界一个小馆新伴斋。其时老友齐君在天津工作，熟悉那一带情况，又因为吃过觉得好，所以每次到天津，一定同齐君到那里去吃，而且常常不止一次。怎么个好法？也只是觉得，与北海北岸的老仿膳，毫无差别而已。记得是"文革"之后，我有一次到天津，与齐君闲谈，提起新伴斋，他说早没有了。现在是说这样的忆旧话之后，又十几年过去，齐君因肺疾复发，作古四五年了。人琴之痛是大事，至于肉末烧饼，当年那样的，吃不着，就让它藏在记忆里吧。

美味踪

炉炉香
和平区清河大街（南市食品街南门）
烧饼王
红桥区洪湖南路红勤楼1号楼
杨胖子烧饼
南开区王顶堤苑东里1号楼
什锦斋
河北区中山路美食街

012 锅饼 烀饼

锅饼用白面加水与面肥，兑碱揉匀和成硬面，即"杠子面"（钱干面，用枣木杠子反复压成硬面）。在案板上擀成直径2尺，厚度10厘米的饼坯，放入饼铛，慢火定形，要勤看勤翻勤转，行话叫"三翻六转"。然后，铛内放铁圈，把饼放在铁圈上，微火烤透。做到外面不煳不焦，里面不生不黏。

烀饼的制作方法是将玉米面掺入一定比例的黄豆面，加入苏打粉少许，用水和成稠糊状，摊入略打底油的温热饼铛里，待玉米面底托底面微微起痂，将和好的韭菜、鸡蛋、小虾皮馅料摊到玉米面底托上。玉米面底托焦脆，韭菜翠绿配上鸡蛋金黄，主料与辅料相互渗透，诱人食欲。

锅饼与烀饼是两种食品，风马牛不相及，因同为"饼"，且不常见，故合而叙之。

锅饼亦称"锅盔""锅魁"，有源自山东、出生河南、产于陕西等多种说法。其来历，有"战国长平大秦说"，有"东汉诸葛武侯说"，其中说的最有鼻子有眼的是下面这个。

唐王朝在乾县城北梁山修建高宗李治和女皇武则天的合葬陵——乾陵，其工程浩大，征用数万工匠。当时有个叫冬娃的小伙子，生性聪明，勤劳朴实，很受乡邻的称赞。他自幼丧母，和父亲相依为命。后来，父亲因病卧床，每天冬娃上山打柴，回来给父亲烧菜做饭。天长日久，练就一手烹调技艺。修建乾陵，冬娃被征为民工。劳作繁重，饭食粗糙。一天，他悄悄地在路边挖个土窝，架上自己的头盔，把面和匀放在盔内，底下烧着柴火。不一会儿，从盔内取出烙成的馍一尝，酥脆可口。此事一传十，十传百，于是风味独特的锅盔馍就流传开去。

关中锅盔分两种，一种内中分层，类似天津的烧饼；另一种实心无层次。天津锅饼是实心饼，直径二尺以上，饼厚四指有余，面硬，能一口噎死人。老年间，百姓戏言"房子一边盖，大姑娘不外卖，面条像腰带，锅饼赛锅盖"。

天津锅饼多为山东人经营，最出名的是北马路靠东北角的"鲁东锅饼店"。天津人称锅饼为"杠子面锅饼"，可见锅饼的硬度。其制作方法是：白面加水与面肥，兑碱揉匀和成硬面，即"杠子面"（钱干面，用枣木杠子反复压成硬面）。在案板上擀成直径2尺，厚度10厘米的饼坯，放入饼铛，慢火定形，要勤看勤翻勤转，行话叫"三翻六转"。然后，铛内放铁圈，把饼放在铁圈上，微火烤透。做到外面不煳不焦，里面不生不黏，口感有咬劲儿，细嚼香甜。有一首咏锅饼的打油诗："杠子面儿大锅饼，历史悠久数百春。其面虽硬韧中柔，口感的确是不同。硬而不屃面香溢，充饥耐存受欢迎。牙口不好干着急，钢蹦钢蹦诱死人。"

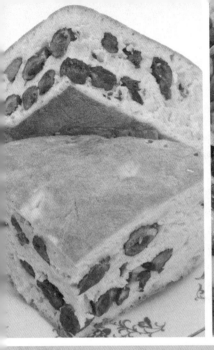

天津人吃锅饼，多与老豆腐、锅巴菜、羊杂汤之类稀食配伍。干稀搭配，相得益彰。

天津锅饼，面中放枣，称"枣锅饼"；放葡萄干、瓜条，称"什锦锅饼"。现在，大如锅盖的锅饼见不到了，取而代之的是碗口大的小锅饼。锅饼有三个长处：其一真材实料，瓷实硬磕，犹如压缩饼干，食之能搪时候；其二便于存放，三伏盛夏放三天，也不馊不变味；其三便于携带，特别是枣锅饼，是上等的旅行食品。

烀饼是天津地区传统的家常美食。烀饼与意大利比萨颇为相似。最大的不同在于：烀饼底托用玉米面制作，而意大利比萨却用白面制作。中国人开玩笑调侃比萨，说马可波罗游历华夏，对中国馅饼情有独钟，但回国后记不清具体的制作方法了，只记得有面有馅，便将和好的面放在饼铛里做底托，把馅放在面托上。于是乎，比萨诞生了。与其说仿制馅饼产生了比萨，倒不如说模仿烀饼而制成比萨来得更加贴切。

烀饼的制作方法：将玉米面掺入一定比例的黄豆面，加入苏打粉少许，用水和成稠糊状，摊入略打底油的温热饼铛里，待玉米面底托底面微微起痂，将和好的韭菜、鸡蛋、小虾皮馅料摊到玉米面底托上，盖好盖，三四分钟即大功告成——玉米面底托焦脆，韭菜翠绿配上鸡蛋金黄，主料与辅料相互渗透，诱人食欲。

东北也有烀饼，是将饼子放到满锅土豆、豆角、大肉的上面，与之同炖同煮，等于一个饼子"锅塌"，铁锅乱炖，美其名曰"菜烀饼"。山东的烀饼，近似天津的"粘卷子"，将面粉用冷水揉匀，分成面剂，把每个剂子擀成直径尺余的薄饼，饼面撒点细盐，再把熟大油均匀抹在饼面上，撒点葱花，从一边卷起成条，再把两头并在一起压实，成为"U"字形，大铁锅加半锅水，水烧沸时，将卷好的烀饼沿锅沿一周竖着贴上，弯头部分朝上，下端离水半寸许。烧5分钟旺火后，将锅底红炭火压一压，用中火加热15分钟左右即可出锅，曰"油烀饼"。

天津老话："一畦萝卜一畦菜，常吃的美味个人爱。"好吃，不如爱吃。欢迎您到天津来，品尝美味大烀饼。

风
雨
沧
桑
烀
饼
情

孙俊信　医师、医药代表

我初中毕业后到宁河县下乡。进知青点之前住老乡家，在欢迎宴（勉强称其为"宴"）上，房东为我们递上用秫秸秆儿编成的饺子板托着的大餐——直径一尺多圆似锅盖的玉米面薄饼，上托着绿生生的韭菜馅吃食。忙问房东：此为何物？房东大娘笑眯眯地说：这叫"烀饼"。战友们（那年头的时髦称呼）齐伸筷，转眼之间，风卷残云一空。薄饼焦脆，韭菜馅清香，玉米面中浸着韭菜香，韭菜馅中烘出玉米香，二者交相辉映。房东大娘做烀饼的速度赶不上我们几个半大小子抢吃的速度。大娘笑骂道："简直是一群饿丧鬼托生的野猴！"

此后，逢年过节，我们把房东大娘请到知青点，给我们做烀饼吃。回家探亲，在妈妈面前炫耀，说烀饼如何好吃。妈说："你小时候，咱家经常做烀饼，你怎么都忘脖颈子后面去啦？"我使劲回忆，也许因为当时太小，确实没能唤回吃烀饼的记忆来。

"文革"结束，恢复高考。我如愿考进财贸学校，学习中医中药专业。学校食堂偶尔出售烀饼，虽与房东大娘做的烀饼味道有差距，但仍逢烀饼必买。后来弄明白，学校食堂烀饼的味道差在玉米面上。房东大娘用的是新玉米面，有一股甜香，自然入口清新甜润。财贸学校毕业后，我分到中药厂保健站当医生。后来，就再也没吃到过烀饼。

一日，昔时下乡战友集体回宁河看望乡亲。房东大娘不在了，大娘的儿媳妇应邀为我们做了一顿烀饼。还是黄焦焦的玉米面薄饼上托着绿生生的韭菜馅，但玉米面中多了豆面加了白面，口感软硬适中，面香回甜。韭菜中加了鸡蛋添了虾皮儿，韭菜清香中透出海鲜味。社会进步了，农村大变样了，吃食也讲究多了。

中药厂联合组建成中药集团，我被派去蓟县、宝坻做医药代表，带领几个青年大学生负责地区药品销售。天长日久，走遍了宝坻和蓟县的乡镇医院，也交了一群好朋友。在调往静海、西青工作前，宝坻医院的朋友请客送行，在县城的一家大饭庄吃饭，服务员端上一盘黄焦焦的玉米面薄饼上托着绿生生的韭菜馅的吃食。不待好友开口，我已脱口而出："烀饼。"好友笑道："这是特意给你点的！"那天食烀饼，我是百感交集。

后来，在静海、武清等地又见到烀饼。烀饼的形式和内容都在变。过去直径二尺的烀饼，现派生出一尺、五寸、两寸等多种规格；除韭菜馅之外，新增白菜、西葫、青椒等多种馅料。正是"烀饼与时进，巧手妙安排。市区无此味，须到乡下来"。

美味踪

耳朵眼炸糕店
红桥区大胡同商业街32号
大福来
红桥区西青道126号
文广渔村
北辰区大张庄镇朱唐庄

贴饽饽

013

粘卷子

在百度搜索"贴饽饽"，马上弹出"贴饽饽熬小鱼"。"贴饽饽"与"熬小鱼"本是两个词组，各有定义，现在却成了固定词组。可见，贴饽饽熬小鱼已难舍难分，深入人心。

贴饽饽熬小鱼，是极具天津地方特色的大众风味美食，驰名各地。天津歇后语："贴饽饽熬小鱼——一锅收（熟）"，说明其做法之简捷。

正宗的贴饽饽熬小鱼，用天津运河小麦穗鱼为主料。鱼二寸许，肠净、鳞细、刺软，易熟。先将鲜活的麦穗小鱼，去鳞去鳃，洗净后滚干面，放入烧柴火的尖底灶锅里，用油稍煎；然后用葱、姜、蒜、大料炝锅；下煎好的鱼，烹入面酱、腐乳、醋、糖、盐、酱油、料酒，加清水至漫过鱼。添柴加火，顶至开锅，压柴改小火。将玉米面掺上一定比例的黄豆面加水和好，用手拍成一个个长圆形厚饼，顺铁锅内壁四周上方贴好。盖上用高粱秆编的锅盖，大火烧10分钟，改微火煨熟煨透。制成的饽饽色泽金黄，底面焦脆，贴饽饽的下部已浸入鱼汤，鱼味玉米面味相混合，美味独具，堪称一绝。有人讲，鱼出锅前用团粉勾芡，淋香油——此说大错特错。其实，贴饽饽熬小鱼锅内汤汁已将鱼身胶原蛋白熬出，

将玉米面掺上一定比例的黄豆面加水和好，用手拍成一个个长圆形厚饼，顺铁锅内壁四周上方贴好。盖上用高粱秆编的锅盖，大火烧10分钟，改微火煨熟煨透。制成的饽饽色泽金黄，底面焦脆，上面暄软。

粘卷子用标准面粉，死面或小半发面，先擀成薄片卷起，下面剂，抻成长条，顺铁锅四壁上方贴好。底面焦黄香脆，上边面软筋道。

提高汤汁的黏稠度，原汁原味。所谓"团粉勾芡"，纯属画蛇添足。

贴饽饽熬小鱼还有个美名——"佛手糕千眼鱼"。《天津风物传说》记载坊间传说：乾隆年间，天津南运河畔小稍口一带，有李姓父女以卖茶、卖菜为生。李大爷为人忠厚，来往于京津的行人客商都喜欢在这里饮茶小憩。

一天，茶摊上来了位气派不凡的大商人，坐在茶摊喝茶，称赞御河水清澈甘甜，赞美沿途的景色。主客相谈甚欢，不觉到了晌午。这时从屋里走出一位十七八岁的姑娘，粗衣素装，俊俏伶俐，端着盛有金黄色饽饽的盘子，里面盛着二寸来长头尾交错的一盘熬小鱼。那位商人咬一口饽饽，脆香甜美，尝一条小鱼，咸淡可口，鱼鲜味美，便问："此饭何名？"李老汉答："便饭、便饭。"商人笑着说："就叫'佛手糕千眼鱼'吧！"

后来，人们才得知那位商人就是乾隆皇帝。于是，沿河两岸百姓纷纷效仿。贴饽饽熬小鱼，就地取材，做法简捷，成为天津百姓的家常便饭。

如今，贴饽饽熬小鱼被端上宾馆饭店的宴席。还有用白鳞刺软的小鲫鱼代替小麦穗鱼的，也不失为佳品。应时到节的鲫头鱼与贴饽饽为伍，则平添了海鲜味儿。更有甚者，将大条河鱼海鱼切割后混于一锅，名曰"一锅出"，虽为美味，但终究与河岸炊烟的平民味道渐行渐远了。

与熬小鱼配伍的玉米面贴饽饽，后来将半壁江山让位于粘卷子，这也算是"合久必分"吧？所谓"粘卷子"，就是将白面和软，擀成薄片，抹上油、盐，卷成长卷，切段后，抻成与贴饽饽般大小的死面卷子，与贴饽饽插花贴在锅沿上，深受食客欢迎。

死面或小半发面粘卷子，也可用铛煎制。底面焦黄嘎脆，上边面软筋道，油香与麦香交融。粘卷子多与铁锅乱炖相配。将土豆、豆角、猪肉、鸡腿、丸子、宽粉条集于一锅，锅边贴上一圈死面卷子，一锅出，东北菜风格。

因贴饽饽和粘卷子，沾了锅菜的味道，便产生出独特的香气。一些食客在大快朵颐之后，喜欢打包带上几个贴饽饽、粘卷子。

不管是贴饽饽，还是粘卷子，都得热锅贴上，否则，就成了天津俏皮话：凉锅贴饼子——蔫溜了！

贴饽饽熬鱼的哲学

管淑珍　杂志编辑

冯骥才小说《阴阳八卦》写最具天津人典型性格的八哥："（八哥）实打实吃一顿贴饽饽熬小鱼，直把肚子吃成球儿，嘴唇挂着腥味，就近钻进一家'雨来散'戏篷子，要一大壶热茶，边把牙缝里的鱼渣嗞嗞响嗅出来，拿茶送进肚，边使小眼珠将台上十八红的媚劲嫩劲鲜劲琢磨个透，直到这壶茶没了又沏喝得没色没味，到茅厕长长撒一泡冒烟儿冒气儿的热尿。"说实在的，八哥的状态和感觉都是天人合一的，这才是没有被恶劣环境异化的真正的人的生活。

《论语》云："智者乐水，仁者乐山。"天津地处九河下梢，自然带有水的灵气，因此，天津人不但聪明能干，个性鲜明，就连饮食也带有一种别致的风格。清朝诗人张船山曾经这样形容天津：二分烟月小扬州。岁月流逝，当年的烟月或许已被现代化都市的繁华所掩映，而灵动的水气依然弥漫在贴饽饽熬小鱼这种天津小吃中。

据说乾隆皇帝吃过贴饽饽熬小鱼，还命名为"佛手糕千眼鱼"，此事是杜撰的可能性极大，老百姓借皇帝来"抬点儿"，正是为了彰显平民本色。皇帝号称是吃过见过的，不过，若论改善生活，祭五脏庙，真正让自己的舌头满意了，贵为天子的乾隆帝还得跟咱老百姓学一学才行。别看这菜小，不起眼，但硬磕，搪时候。哪怕沦落到生活底层，粗茶淡饭，吃上熬小鱼也算是有荤腥了，自有南面为王的自豪和快乐。有些人不理解天津人为什么爱说"当当吃海货，不算不会过"，以为天津人坑家败产也得顾这个嘴，其实这是误解。天津人的豪爽是糅在生活细节中的，有钱咱就大吃大有，没钱咱就半夜下饭馆——有嘛算嘛；吃螃蟹咱乐，吃小鱼咱也乐。

贴饽饽熬小鱼就是一个乐子，善于找乐儿的天津人从这道菜中挖出这个故事，快乐无比。之所以将玉米饼称为"佛手糕"，据说是因为乾隆皇帝看到了饽饽上的手印，文人们就将这手印描绘成美少女的纤纤玉手。其实，我想，贴饽饽上的渔姑长年在江海中战风斗浪，英姿飒爽，干活麻利，按天津人的规矩，和面时要做到"三光"，即面盆光面板光双手光，只有笨手笨脚的女人才会在饽饽上留下手印呢。因此，这所谓的手印其实是一种文学演绎。

我们天津人爱吃鱼，因为咱们有得天独厚的优势，靠海的，收工之后，将卖剩下的小鱼和新收的玉米面同时做好，一锅出，简捷而香美。我愿意遥想当年海边风味情境，只有那种氛围中，那道菜的味道才能达到极致。没有那么多的调料，什么腐乳味精，只有几根柴一点儿盐稍稍点缀些青酱红椒什么的，但是，那味道就是醇厚绵长。玉米面是新鲜的，小鱼多为小鲫鱼，都是活蹦乱跳的，不必开膛破肚，鱼头保留，这是最入味的部位。咸咸的海风吹来，不饮酒，人都有几分醉意，这种日子，幸福指数其实蛮高的。说完海边，再说河边的市民们，不论是从海里游到河里的"两水儿鱼"，还是河里的麦穗鱼、蒿根鱼等，都靠最有烹调经验的大娘大嫂一双巧手熬出精致的香味来，我一直感觉，在天津老城，吃贴饽饽熬小鱼之前我是被香味击倒的。

"一锅熟"是一种兼容并包的文化风格的具体体现。南甜北咸东辣西酸，到了天津这个南北交汇，八方聚居的地方，酸甜苦辣咸五味俱全，五味神在百姓的食谱中呢，这道菜的味道就是一种体现。这道菜体现的是天津人的中庸哲学，包容一切的味道。

美味踪

武清四合院
和平区紫金山路1号
运河渔村
河西区友谊北路60号
南开区红旗路19号

天津包子是个统称，包括永胜包子、二姑包子、陈傻子包子、张记包子、姐妹包子、老城里包子、集美林包子等，不一而足。其名目繁多，牌匾各异，但共同点如出一辙：半发面、大肉水馅、菊花褶儿。这一特点的首创者，当属狗不理包子的创始人高贵友。

有关狗不理包子及其主人的传说版本很多，流传很广，比较可信的，当推高贵友之孙高焕章提供的资料。天津市政协文史资料委员会收藏了高焕章写给时任天津市副市长王光英的一封信，信中说："'狗不理'是我祖父的乳名。他本名叫高贵友……"

高贵友的父母是河北省青县人，顺着运河逃难来到天津，最后落脚在今属武清区的藕店村。藕店村多出面案厨师，"刘记蒸食铺"的老板即是藕店村人。清道光二十五年，14岁的高贵友来到刘记蒸食铺学徒。3年学徒期满，又干了"两节"的谢师活儿。师傅喜欢这个"讷于言而敏于行"的小同乡，殷切嘱咐他：一定要在蒸食行里干出名堂

014 天津包子 狗不理

天津包子以狗不理制作技艺为标准，采用一拱肥的半发面制作面皮儿，死面起骨头作用，发面起肉的作用，不透油，不掉底，柔韧而有咬劲，软、脆兼具。馅料选用肥瘦3：7比例的鲜猪肉，剁成肉末。用猪骨猪肚调制的高汤和上等酱油调馅儿。按一个方向，一定比例，将高汤和酱油分多次徐徐搅入剁好的猪肉末里，再放小磨香油和姜米葱末。如此制成包子，天津人称"水馅包子"。

高贵友的狗不理包子，发端于侯家后，成名于北大关。生意兴盛时，在南市、法租界等地均设分号。在天津，无论官宦名流，富商大贾，绅士淑女，平头百姓，就是洋人，也以请吃狗不理包子为美谈。

来。起先，高贵友在刘记蒸食铺附近租了一间小门脸儿，专卖硬馅发面大包。冬春两季卖猪肉白菜、猪肉芹菜包子；夏秋两季猪肉茴香、猪肉豆角包子；入夏前和秋后搭着卖一点韭菜包。

由于高贵友吃苦肯干，在包子制作上从不偷工减料、不掺杂使假，做馅儿技能出众，因此他蒸的包子，获得食客认可。加之坚持薄利多销，物美价廉，很多人慕名而来，声名大振。买卖逐渐兴隆后，咸丰六年（1856），高贵友时年25岁，将对门一间房子租用改为操作室，又招请了十余个伙计，扩大经营，包子铺起了正式字号——"德聚号"。但是，"德聚号"最终也没有叫响，人们还是习惯于称呼"狗不理包子铺"，俗名"狗不理"，成为天津人喜爱的品牌字号。

针对包子硬馅不成团的弊病，高贵友的改造试验从做馅入手。选用肥瘦3:7比例的鲜猪肉，剁成肉末。用猪骨、猪肚调制的高汤和上等酱油调馅儿。要求按一个方向、一定比例，将高汤和酱油分多次徐徐搅入剁好的猪肉末里，再放小磨香油和姜米葱末。这种精心调拌的稀软适度的馅料，人称"水馅"。水馅包子蒸熟下屉，馅心松软成丸，咬开一兜肉汁，鲜香醇酽，肥而不腻。

同时将大发面改成一拱肥的半发面，即将酵面与面粉清水和匀，发酵一段时间。待面肥花拱起时，再兑碱搋透，经略饧后，再揉面、搓条、下剂、擀皮。此法所制面皮儿，死面起骨头作用，发面起肉的作用，优点是不透油、不掉底，柔韧而有咬劲，软脆兼具。避免了小笼包、灌汤包为保留肉馅汤汁而面皮发死的弊病；最后上炉用硬气蒸制而成，保证了包子外形的美观。从此，色、香、味、形俱佳的天津包子在高贵友的精心研制下诞生了。

高贵友的狗不理包子，发端于侯家后，成名于北大关。生意兴盛时，在南市、法租界等地均设分号。在天津，无论官宦名流、富商大贾、绅士淑女，还是平头百姓，就是洋人，也以请吃狗不理包子为美谈。狗不理包子出名，还在于袁世凯和慈禧的名人效应上。据传袁世凯任直隶总督时，手下官员买狗不理包子送礼。他品尝后甚为惊奇，后时常派人买狗不理包子，并将狗不理包子上贡清廷后宫。慈禧品尝后称赞不已，传旨天津县定期进贡，从而"狗不理"名声大振，誉满海内。时至今日，外地客人每到天津，必尝"狗不理"包子。有"不吃狗不理，就不算到天津"之说。

您想吃原汁原味、经济实惠的天津包子，那还得走入寻常巷陌的大众包子铺，那汤汁盈口、一个肉丸的民间美味会让您回味无穷。

叫我如何不想它

孟新民　教育工作者

胃口是有记忆的。说到天津包子，如果把它理解为一个只有自然属性的物，而不是理解为天津人生活的一部分，那就不算真正理解包子。

我小时住在西头——南头窑下坡。出胡同右拐，是韦驮庙，左拐，就到了如意庵大街。沿着如意庵大街，有鳞次栉比的店铺，路的北侧，挨着小人书铺、水铺、刻字店不远，就是包子铺。当时我上小学，每天半天上学，半天在家。没事的半天，到姚五香店同学家里参加学习小组一个来小时，打打闹闹写完作业，便一哄而散。父母都上班，弟弟们各玩各的，我一个人如果有兴趣到闹市区转一转，那就是到如意庵，也必然经过包子铺了。

我印象中包子铺下午是关着门的。而上午，则飘出白白的热气，夹在白白的热气中间，飘得更远的是诱人的香气。而包子，则在热气和香气中间若隐若现。同样若隐若现的，还有忙碌的师傅，雾气弥漫的笼屉、大锅，以及高矮胖瘦的顾客。至于包子什么样，一句话，我没看清。为什么没看清？因为我父母早就说过，别人吃东西的时候，不许看。

前几年我家养了条小狗，在我们吃东西时，它一动不动地卧在旁边，眼巴巴地看，而且企盼的眼神随着食物在筷子中运动的轨迹转动。这情境使我蓦然忆起幼时父母的教诲：别人吃东西不许看！我小时候住大杂院，吃饭时家家把桌子摆在院子里吃，我们弟兄几个从旁边侧身走过，从来目不斜视。直到后来参加工

作，别的单位和个人获得了什么额外的福利和利益，我仍目不斜视，反正不是我的东西我不要。所以，如意庵的包子什么样，没看清。直到1970年，才真正看清，并且甩开腮帮子，一通猛吃，直至打嗝儿！

那时我下乡黑龙江，第二年回津探亲，一觉睡到自然醒。比睁眼还快的，是味觉，是如意庵的香味！一看，多半饭盒天津包子，仍然被包围在热气和香气之中。父母在旁边，示意我吃掉。他们坚决不吃。于是我就不再三推辞了，真的一个一个全吃掉了！那是大号的铝饭盒，一两4个的包子，细密整齐的褶，薄皮，水馅，在父母的注视下，被我一个一个吃掉的！

父母曾一度以为我被狼吃了。事情是这样的：1969年冬天，上级要求加强备战，挖防空洞。当时我们已身在北大荒，出了知青点，就是莽莽苍苍的亘古荒原。但上级认为隐蔽得还不够，于是，我们又步行70多里，到了更为隐蔽的山里。那里没有路，没有电，几乎找不到人类活动的遗迹。我们炸开冻土，在山坡挖洞穴居。因为没有邮局，寄信须冒着零下三四十摄氏度的严寒，在丛林里趟雪步行70多里到连队住一宿后，第二天再步行到县城邮局。加之备战吃紧，有信寄不出。一晃两个多月，父母没有收到我的信。他们又写信又发电报，也没消息。待接到我的信时，据说母亲手直发抖，半天不敢拆看，怕是死亡通知书。当年父母那样奢侈地买了多半饭盒天津包子让我一个人吃，是历经生离死别痛苦折磨之后，庆幸我还活着……

思忖至此，苦涩伴真情，叹息肠内热。包子，在常人眼里，司空见惯不足珍，但它却是我回顾和咀嚼人生悲欢离合之触媒。正是：牵愁惹恨寻常物，叫我如何不想它！

四平包子铺
和平区昆明路14号
津门张记包子铺
河北区江都路9号
姐妹包子铺
南开区西湖道172号
老鸟市姜记包子铺总店
红桥区大胡同新开大街中段

015 水饺 扁食

饺子，古代称扁食、角儿、角子、粉角、水点心和水包子等，中国的传统面食，已有千余年历史，神州大地到处都有它的足迹，并远播世界，影响颇大。回族民众在家里仍称水饺为"扁食"。

天津人爱吃饺子，会吃饺子，更会经营饺子。天津回族人多，清真扁食与汉民水饺平分秋色，各有拥趸食客。

《元史·武宗纪》二十三卷载，至大二年（1309）4月，元武宗"摘汉军五千，给田十万顷，于直沽沿海口屯种，又益以康里军二千，立镇守海口屯储亲军都指挥使司"。康里军是成吉思汗早期征服的中亚哈萨克部落，属色目人，信仰伊斯兰教，是元朝中央政府的宿卫军。驻屯位置在天津周边靠东部的区域。这支少数民族军队"即编民入社"，是有史可查的天津最早的回族居民。明清两朝，大批或军或民的回族人迁徙落籍天津，使穆斯林教众不断壮大。清真美食自然随之入津，成为天津美食不可或缺的重要分支，在天津美食领地"三分天下有其一"。仅只清真面点，传统名牌就有：南市增兴德蒸饺、马记烧卖、北门外庆发德烫面蒸饺、东门恩发德羊肉包、西南角杨巴水饺和老鸟市白记水饺。至今，在天津小吃中，清真小吃占80%以上。

天津清真水饺最具代表性的当推"白记饺子"。清光绪十六年（1890），天津人白兴恒在鸟市卖蒸食，取名"白记蒸食铺"，买卖兴隆。1926年，白文华继承父业，在原素包、素饺的基础上，推出了西葫羊肉水饺和三鲜馅水饺等品种。特别是西葫羊肉水饺，口味独到，风格独

白记饺子以西葫羊肉水饺和三鲜馅水饺为主打，皮薄馅大，每两八个。其制作技艺是：和面软中有硬；牛羊肉馅料为冬季肥四瘦六，夏季肥二瘦八，肥瘦适中，肉菜辅料合理搭配，实而不死、肥而不腻、挺而不僵、松而不澥，饺子小边不开口不破肚，没有阴阳面，久放不变形。

汉民饺子品种多，馅料异彩纷呈。"天津百饺园"就有十大类229个品种，被列入上海吉尼斯世界纪录。天津汉民水饺，最常吃常见的有三大类：荤馅水饺、素馅水饺和荤素搭配馅水饺。

具，极负盛名，遂改字号为"白记饺子铺"。白家第三代白成桐弘扬祖传技艺，保持了皮薄馅大，每两八个的特点，和面软中有硬，馅料实而不死、肥而不腻，饺子挺而不僵、松而不瀣，饺子小边不开口不破肚，没有阴阳面，久放不变形。特别在选料上，严格把关，牛羊肉肥瘦适中，冬季是肥四瘦六，夏季是肥二瘦八；肉菜辅料合理搭配，保持营养成分和纯天然美味，清香适口，久食不腻，易于消化。后又开发出牛肉洋葱馅、牛肉茴香馅、羊肉冬瓜馅、羊肉香菜馅、鸡茸馅、海鲜馅、香菇素馅、全素馅、香椿鸡蛋馅等，满足食客各种需求，使之大饱口福。外地美食家赠联："清香味美足盖津门三绝，热情周到勤恳誉满华夏。"

汉民饺子品种多，馅料异彩纷呈。"天津百饺园"就有十大类229个品种，被列入上海吉尼斯世界纪录。

天津汉民水饺，最常吃常见的有三大类：荤馅水饺、素馅水饺和荤素搭配馅水饺。

荤馅，即单一肉馅，饮食行业术语称"常行馅"。以猪肉馅为例，其调制方法，是用适量的鸡汤或猪骨头汤调拌猪肉末，或用泡姜末的水调拌。上肉馅先放点油搅拌上劲，再像澥麻酱那样，将需要加进的汤，分几次调进猪肉馅里，边搅拌边放酱油、盐、味精，使其既松软有劲，又不纸不瀣，最后放葱末和香油搅拌均匀。牛羊肉馅用花椒水搅拌，以去膻增鲜。还有三鲜馅、海鲜馅、鱼馅等。

素馅，又分斋素(不含大五荤，全是植物原料)和基本素馅两类。基本素馅，同斋素不同的就是可放小虾皮儿和鸡蛋等，调料可放葱姜，其他菜料可多可少，随喜好调配。天津素馅水饺有特殊品种，即"初一素"。除夕夜子时全家共食，祈求来年素素净净。当然，平时吃"初一素"水饺的也大有人在。"初一素"馅料要全，以大白菜为主，辅料为香干（老天津卫以孟家酱园的"三水五香豆干"首选）、素冒（一种油炸豆制品）、面筋、棒槌馃子、木耳、黄花菜、麻酱、酱豆腐等。最具特色的辅料是"长寿菜"（即马苋菜，野菜，夏天摘取，晾干保存，专为除夕夜配初一素水饺之用），既提味，又有保健作用。

水饺虽好吃，制作却辛苦。一家人，你和面擀皮，我剁菜调馅，你包我煮，默契配合，笑语盈盈，其乐融融。

千滋百味说饺子

李世瑜 天津文史馆研究员、社会历史学家

天津有句谚语："舒服不过倒着，好吃不过饺子"，可见饺子的魅力。不光天津，华北地区莫不如此。过去还叫过"扁食"，我外祖母家住在河东（现在河北区），她家就这么叫，现在这么叫的少了。饺子的做法很多，还有许多变形。一般是死面，较烙饼的面略硬，揪成剂也不这么叫了。

吃饺子是一种喜庆的象征，过生日的前一天要吃，叫催生饺子，生日那天吃捞面。出门的人回家了要吃饺子接风，取义"洗尘"，送行则吃捞面，取义福寿绵长，拉不断扯不断（有人搞错了，说接风的捞面送行的饺子）。过春节的夜里要吃饺子，好像不吃这顿饺子就过不了年了。它的取义与时辰和生子有关，因为过了子时就到下一个年度了，所以是交子（时）。它又和娇子、教子、叫子谐音，人们都愿意生个胖小子。在南方就没这个说法，南方人过年不吃饺子，而吃元宵，取义是团圆。

饺子不用水煮，而用铛贴（煎），一面焦，叫"锅贴"。面皮擀得特薄，装馅后只捏当中留着两头，贴的时候摆得齐些，起锅时五个一组，焦面朝上，这叫"老虎爪"。一张面皮，多放馅，再扣上一张皮捏紧四边用水煮这叫合子，不用煮不用贴放在铛上烙，两面略煳这叫"干烙儿"。用烫面做皮上屉蒸，这叫"烫面饺"，多用牛羊肉。用发面做皮上屉蒸，这叫"蒸饺"，放韭菜多叫"韭菜篓"，放白菜多叫"大白脸"。饺子馅只用肉不加蔬菜叫"一个肉丸"，只用蔬菜叫"素饺子"。还有两种变形，一是做锅贴时不包成半月形而包成长方形，两头向里折一下，加油水贴熟，这叫"回头"。包成圆形，加油水贴熟，这

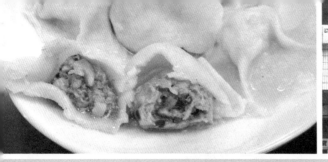

"肉饼"或"馅饼"或"肉火烧"。

　　天津还有一种特色饺子叫"豆干渣饺子"，豆干渣是做粉丝的下脚料，主要是做饲料，其中精品如绿豆渣可以做馅子，北京的酸豆汁也是绿豆渣发酵而成。做豆干渣饺子需先用羊油把渣炒一下，加些煮熟的黄豆，包好饺子上铛贴，不能水煮或蒸。天津周边原来可以养猪、开粉房，有的小贩就专卖豆干渣，他们还吆喝，声音是"豆干渣好大团的"，现在已经绝市了。

　　目前天津到处是饺子馆，真正能代表传统风味的还是那几家老字号，如白记饺子馆的水饺，增兴德的烫面饺，中立园的锅贴。近几年从西安开始，在钟楼附近开了一家德发长饭店，专门卖饺子，号称百饺宴，有上百种不同的饺子，有一种叫"珍珠饺子"，包得像大拇指肚那样大，要用小漏勺从火锅里捞出来吃，说西太后当年到西安时就爱吃德发长的珍珠饺子。跟着石家庄也开了个百饺园，天津也开了百饺园。由于天津有吃饺子的雄厚基础，多大的宴会最后也少不了吃饺子或锅贴，加上百饺园的别开生面，开业以来生意兴隆，大有后来居上之势。天津文化素来是综合多种因素而成，我建议不妨增加一项"饺子文化"。

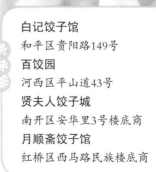

美味踪

白记饺子馆
和平区贵阳路149号
百饺园
河西区平山道43号
贤夫人饺子城
南开区安华里3号楼底商
月顺斋饺子馆
红桥区西马路民族楼底商

烧卖蒸饺

016

天津的烧卖有回汉之分，但蒸饺多出自清真馆，属清真美食。另外，天津回族人称呼的包子，即为发面蒸饺。

烧卖，又称"烧麦""稍麦""稍梅""纱帽"，更有想象力丰富的称为"鬼蓬头""刷把头"等。天津人实在，烧卖就是烧麦，读音不变，只"卖""麦"字形变化。回汉烧卖制作工艺与外形一样，只是馅料有别。

烧卖制作面皮有讲究，须用烫面，即用开水和面，面已半熟，再加入冷水和的面，以增加成形能力。烧卖皮有两种：荷叶皮和麦穗皮。荷叶皮须用橄榄形的一种特殊擀面杖擀皮，擀出的皮薄而四边如同荷叶花边，中间放馅。不用使劲包，一提一拢就成形，上屉蒸熟。蒸熟的烧卖，皮薄剔透，色泽光洁，底肚为圆，上腰收细，顶部开口，形若石榴，美观好吃。有的商家，在烧卖顶端开口处摆放一枚色彩鲜亮的虾仁，平添卖相，以吸引食客。

清真烧卖馅料以牛羊肉为主，下葱姜末，用高汤搅拌，稀而不澥。三鲜馅放鸡蛋、虾仁、木耳。烧卖松软油润，略带汤汁，鲜香适口。20世纪40年代，天津南市马记马家馆清

烧卖制作面皮有讲究，须用烫面，制成荷叶皮或麦穗皮。清真烧卖馅料以牛羊肉为主，下葱姜末，用高汤搅拌，稀而不澥。三鲜馅放鸡蛋、虾仁、木耳。烧卖松软油润，略带汤汁，鲜香适口。汉民烧卖馅料以猪肉为主，除三鲜馅外，根据季节调整馅料配菜。

天津蒸饺有烫面、发面两种。清真烫面蒸饺选用优质小麦面粉，按四季用不同水温烫面，馅料选用肥瘦适中的鲜牛羊肉、鲜嫩蔬菜、虾仁等，调料配料齐全。蒸饺成品，形似羊眼，面皮亮润，皮薄馅大，馅鲜可口，汁浓味厚，不塌不艮。

真烧卖质量最佳，有口皆碑。现在，天津清真饭馆多有烧卖供应，风味各异，质量皆优。

汉民烧卖馅料以猪肉为主，除三鲜馅外，根据季节调整馅料。如春配青韭，夏入西葫，秋放蟹肉，冬日三鲜。过去，劝业场后身辽宁路京津小吃店旁有家烧卖馆，整日顾客盈门，排队等号。可见，烧卖在天津食客中受欢迎的程度。

天津蒸饺有烫面、发面两种。清真烫面蒸饺特色鲜明，被食客赞为上品。

回族青年谢国荣，开了一家清真饺子馆，以蒸饺为主，兼营烧饼、羊汤、炒菜，取名"庆发德饭馆"。庆发德蒸饺，选用优质小麦面粉，按四季用不同水温烫面，馅料选用肥瘦适中的鲜牛羊肉、虾仁、鲜嫩蔬菜等，调料配料齐全。蒸饺成品，形似羊眼，面皮亮润，皮薄馅大，馅鲜可口，汁浓味厚，不塌不晾。风味独特，好评如潮。八十多年来，庆发德不断创新，增加品种，满足食客需要。连续创制了牛肉蒸饺、茴香牛肉蒸饺、芹菜牛肉蒸饺、羊肉蒸饺、西葫羊肉蒸饺、胡萝卜羊肉蒸饺、辣子羊肉蒸饺、三鲜蒸饺、冬瓜虾仁蒸饺、雪菜蒸饺等。庆发德烫面蒸饺被列入中华老字号、天津市红桥区非物质文化遗产名录。

发面蒸饺较烫面蒸饺略大，牛羊肉水馅或加菜馅，也有麻酱素馅和清素馅的。发面蒸饺面皮暄软，洁白光亮，别有一番风味，其中的鸭油包，为发面蒸饺之上品。

清真 慶發德

醇香盈口说蒸饺

马燕来
庆发德烫面蒸饺第三代传人

庆发德蒸饺第三代传人马燕来，继承师父、庆发德第二代传人回春生的厨艺，秉持师祖谢国荣的独门秘技，将烫面蒸饺这一天津独有的美食发扬光大。因技艺高超，口味独特，庆发德蒸饺被中国烹饪协会授予"中华名小吃"称号，跻身地区级非物质文化遗产之列。

1911年，师祖随祖母和父亲、叔父等家人从山东蓬莱定居天津。原天津知县刘孟扬的回族家厨韩德兴帮助了他们。师祖丧父，又得韩德兴庇护，并娶其爱女为妻。1927年，对厨艺十分痴迷的天生奇才谢国荣创办庆发德饭馆。他既保持传统清真菜品，更立足创新。为适应北方人喜食水饺的饮食习

俗，创制出风味独特的烫面蒸饺，一经推出即受食客追捧。

师祖把庆发德饭馆管理得井井有条。他利用庆发德地处繁华商业娱乐区的优势，采取了一系列经营措施：将经营时间延长，改为上午10点至深夜12点，使光临食客随时吃上可口饭菜；增添外卖业务：派伙计提篮送饭。庆发德名声逐渐传扬，戏迷、书迷、影迷在观赏前后，喜到餐馆吃晚餐或夜宵，庆发德成为他们聚会雅集场所。

目前，庆发德实行专人供货，原材料专人管理，馅料专人调制。烫面蒸饺有20多个品种，其中西葫羊肉蒸饺、三鲜蒸饺、牛肉蒸饺销量最多，北马路店日销蒸饺400斤。庆发德烫面蒸饺形似羊眼，面皮光亮柔嫩，成形后不塌不馁；皮薄馅大，汁浓味厚，肉香四溢，鲜香可口。

庆发德蒸饺
红桥区西马路20号
马记烧卖馆
和平区新华路17号
老川鲁烧卖
南开区双峰道玉泉路口东北角
宴宾美食城
红桥区勤俭道194号

美味录

017 素合子 素包

素包和素合子是天津人日常吃食。素包属蒸食类，大发面，以麻酱素馅为主，个大馅足；素合子属煎烙类，死面，以清素馅为主，圆形或半圆形。二者均为素馅面食。

素包在天津兴于何时，无从考证。名气最大的是宫前大街的“石头门坎素包”。其实这家店铺原名“真素园”。

今天古文化街上的天后宫，供奉海神妈祖，天津人称“娘娘”。于是，天后宫在天津的俗名就是“娘娘宫”。敬奉娘娘的不止是出海渔民和漕运船工，天津民俗将海神娘娘的职权范围扩而大之，庶民百姓逢年过节都要给娘娘进香，以祈求平安康吉；遇到愁事倒霉事为难事，也到娘娘宫烧香磕头。娶了媳妇，企盼得子，也要虔诚地到娘娘宫拴娃娃。为求灵验，上香前后必吃素斋。于是，天后宫附近的素餐馆也随之火爆起来。其中，真素园素包物美价廉，买卖兴隆，极为红火。真素园为防洪防涝，在店铺门口垒起一道石头门坎，成为明显标志。食客们记住了石头门坎，却忘了真素园。于是“石头门坎素包”名声显赫，最后取而代之，成为店名。

石头门坎素包皮薄馅大，馅心实在，货真价实。主要馅

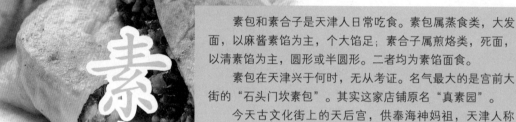

素合子属煎烙类，死面，以清素馅为主，圆形或半圆形。天津人最喜欢清素馅合子。秋天韭菜碧绿清香，配上“三皮”——绿豆粉皮、摊鸡蛋皮、小虾米皮，为提味和吸收水分，将棒槌馃子剁成小块，加姜末、小磨香油和入馅中。注意：韭菜清素馅中千万不可放入葱末。因为葱末与韭菜混合，会产生一种难闻的异味。

素包属蒸食类，大发面，以麻酱素馅为主。馅料主要有麻酱、酱豆腐、秋木耳、花菜、口蘑、纯绿豆红白粉皮、绿豆芽菜、素白香干和油炸面筋等19种。每个包子捏成21个褶，蒸熟后雪白晶亮，馅大皮薄，麻酱香气和香菜酱豆腐的素雅香味浓郁。成品馅白、红、褐、绿、黑，五色俱全，香、味、形俱佳。

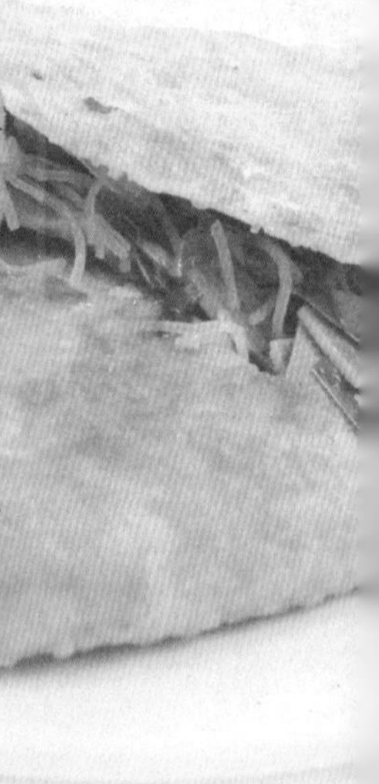

料有香菇素和麻酱素馅。特别是"麻酱素"馅，近似天津卫大年初一家家必吃的素饺子"初一素"馅。"麻酱素"选料讲究，内含河北保定府小磨香油和上等麻酱、东北秋木耳、石门花菜、北京王致和酱豆腐、天津纯绿豆红白粉皮、吉林口蘑、自制绿豆芽菜、天津孟记酱园素白香干和油炸面筋等19种馅料，或进货或采买，精细优选，一丝不苟。每个包子捏成21个褶，蒸熟后雪白晶亮，馅大皮薄，麻酱香气和香菜酱豆腐的素雅香味浓郁。成品馅白、红、褐、绿、黑，五色俱全，香、味、形俱佳。

天津素包还有另一款美味——清真油煎素包。1914年，回族人张恩德经营油煎素包，自立名号"恩德成"。馅料与石头门坎素包相仿，但多了一道油煎工序，广受食客好评。1985年，恩德成油煎素包与石头门坎素包均为首批入驻南市食品街的经营单位。

"初一饺子初二面，初三合子往家转。"正月初三家家吃合子，有荤有素，但都水煮，绝不煎烙。因为天津年俗"老例儿"：春节期间忌讳吃烙饼。

天津素合子个大，与馅饼无异，全素馅，以白菜、西葫、倭瓜等为主。大众最受欢迎的是以韭菜为主的清素馅合子。秋天韭菜碧绿清香，配上"三皮"——绿豆粉皮、摊鸡蛋皮、小虾米皮，为提味和吸收水分，将棒槌馃子劙成小块，加姜末、小磨香油和入馅中。注意：韭菜清素馅中千万不可放入葱末。因为葱末与韭菜混合，会产生一种难闻的异味。

现在，天津很多饭庄都供应素合子。为求制作方便，都将素合子做成半圆形。虽名实略有不符，但仍不失"合则圆"寓意，食客吃着也便捷。

铁饼铛上点少许植物油，将素合子生坯放入，反复煎烙至熟。服务员于托素合子餐盘走来，一路韭香四溢。食客揭开素合子香脆的面皮，随着一股热气，韭菜香、虾皮香、鸡蛋香混合着棒槌馃子的油香，使人食欲大开。

难忘财大素合子

张世涵 在职博士生

随我妈，我从小爱吃素。我不是佛教徒，无须戒什么大五荤小五荤之类的，但韭菜、虾皮儿、鸡蛋总是要吃的。韭菜素合子是我的最爱。

我妈是天津财经大学教授，全家就住在学校后面的教工宿舍里，没时间做饭就到教工食堂里打饭吃。教工食堂的素合子皮薄馅大，美味适口，让人吃一个想俩。我吃素合子，那是没够，不吃个沟满壕平就不算完。以至吃素合子能治百病，感冒时吃，头痛脑热时吃，就连腹泻拉肚子也得吃。按说，腹泻不能吃韭菜，可我的肠胃是特殊材料制成的，吃了韭菜素合子，非但不会加重病情，反而"药"到病除。久而久之，我妈知道我的"毛病"，一听说我不舒服，就赶快到教工食堂买韭菜素合子。每逢考试前后，我妈保证韭菜素合子的供应。吃了素合子，准考好成绩，从中学到大学，到读研究生，莫不如是。

财大的素合子，严格按老天津卫的家常做法：韭菜、木

耳、鸡蛋、虾皮儿、馃子、粉丝、圆白菜、姜末一样也不能少。吃了十几年，吃出了经验：虾皮儿要用油（最好是香油）略微煸一下，去腥提鲜；不可放葱，否则，韭菜遇葱会产生一种难闻的气味；春天的韭菜味道最好，秋天和冬天的韭菜也可以，要少放圆白菜，或干脆不放圆白菜，韭菜清香四溢；夏天的韭菜味道差些，可多放圆白菜来综合韭菜的辛辣味。

酒香不怕巷子深，美食不必多宣传。很多家常菜馆供应韭菜素合子，一些高级饭店也将素合子做特色食品供应。每有饭局，只要餐厅有素合子，我必点。各家素合子外形有别，或圆或半圆，内容相近，味道趋同。但我感觉，总比学校的素合子差了点什么，可能是差了点亲情在里面吧？

现在提倡饮食健康理念，在此呼吁大家：少吃肉，多吃素。

美味源

石头门坎素包店
和平区南市食品街1区12号
王三姑馅饼
红桥区西关北街（清真南大寺南侧）

锅贴儿 回头

018

"锅贴儿"与"回头"同属煎烙带馅美食。在天津，锅贴儿出自汉民馆，而回头则是清真馆专属。

"回头"之名奇异费解。相传清朝光绪年间，有金姓人家在沈阳北门里开设烧饼铺谋生。因经营不善，生意不好。一日正值中秋节，生意更加萧条，时至中午尚无食客上门，店主茫然，遂买牛肉剁馅，将打烧饼的面擀成薄皮，一折一叠两端压实，在铛上煎烙，准备自家过节食用。这时，进来一位差人，见锅中所烙食品新奇，品尝后连呼味道奇好。差人告诉店主，再烙一盒送往馆驿。众差人食后齐声叫绝。此后，名声大振，生意日趋兴隆，故取名"回头"——美食招引回头客也。

回头美食何时来到天津？1920年，回族人马德昌在辽宁海城制作回头，闻名关内外，天津西北角地区回族民众纷纷效仿，受到回汉两族百姓喜爱。天津特色餐馆"羊上树"制作的牛肉馅回头，曾荣获"中华名小吃"称号。

回头制作方法有讲究。根据季节不同，加入适当温度的水将面和匀饧透，下剂擀成方形面皮。把用姜、葱米和香油等作料调制的牛肉馅放入面皮中间，把面皮往中间折叠成长方形如枕头状，两头压实。其成品外形饱满，颜色金黄，焦脆油润。不煳不生，不破不裂，不跑汤露馅；外皮焦香，肉馅鲜嫩，咸香含汁，不干不柴，不艮不瀣。

汉民制作回头，与清真做法如出一辙，但称"肉火

锅贴儿外形像饺子，底面单煎，有封口开口之分。锅贴儿底部结痂，但上部面皮绵软不皮。锅贴儿家家常吃，馅料有荤有素，多种多样。家做锅贴儿，夏天西葫羊肉馅，冬天倭瓜白虾猪肉馅；春秋正逢韭菜香，加粉丝、鸡蛋、小虾皮的清素馅锅贴儿最受欢迎。

回头制作方法有讲究。根据季节不同，加入适当温度的水将面和匀饧透，下剂擀成方形面皮。将用姜、葱米和香油等佐料调制的牛肉馅放入面皮中间，把面皮往中间折叠成长方形如枕头状，两头压实。其成品外形饱满，颜色金黄，焦脆油润。不煳不生，不破不裂，不跑汤露馅；外皮焦香，肉馅鲜嫩，咸香含汁，不干不柴，不艮不瀣。

烧"。肉火烧分"干火烧"和"油火烧"两种，干火烧是在饼铛里烙至外皮焦黄内馅熟透即可；油火烧须在平底锅用油煎熟。另外，肉火烧的馅料选择余地更大。最普通最常见的肉火烧，馅料多用大白菜与猪肉相配，属居家美食。昔年，百姓生活清苦，每到冬日，大白菜当家，熬白菜、炒白菜、醋熘白菜、凉拌白菜，宛如掉进白菜阵，几天下来，倒了胃口。心灵手巧的家庭主妇，学回族街坊的做法，剁菜剁肉，下剂裹皮，或干烙或油煎。正是：两盘回头端上桌，一家老小咧嘴笑。

锅贴儿外形像饺子，底面单煎，有封口开口之分。锅贴儿家家常吃，馅料有荤有素，多种多样。家做锅贴儿，夏天西葫羊肉馅，冬天倭瓜白虾猪肉馅；春秋正逢韭菜香，加粉丝、鸡蛋、小虾皮的清素馅锅贴儿最受欢迎。

饭摊食铺的锅贴儿，馅料丰富多彩。大众化锅贴儿铺，明案明灶，一目了然。猪肉三鲜馅堆在大搪瓷盘中像座小山，上面撒满剁碎的煸炒过的虾仁儿、炒鸡蛋丝儿和海参末儿，真材实料，五颜六色，看着就爽神。两面大铁铛轮流操作，锅贴儿码入铁铛，用油壶在锅贴儿间隙浇油，煎炸一小会儿，然后用小白铁喷壶均匀地洒上醋水，顿时蒸气弥漫，速盖铛盖。此时，另一铛锅贴儿恰好出锅，打开铛盖，用油壶浇第二遍油，使锅贴底部煎得金黄焦脆。锅贴儿底部结痂，但上部面皮绵软不皮。因锅贴两端开口，馅料中的汤汁外溢，与煎锅贴儿的油水相混，共同浸入锅贴儿面皮中，馅香油香四溢，食客垂涎欲滴。

吃荤馅回头锅贴儿，蘸蒜泥与香醋调制的蒜醋汁，去腻解腥，味道极佳，吃回头锅贴儿还须稀食相配：夏天绿豆稀饭，冬天小米稀饭；再来一小盘儿五香疙头丝——成龙配套，那才叫十全十美呐！

锅贴香味连亲情

王化治　教育工作者

　　锅贴儿和回头属于美食同类，锅贴儿是天津百姓的美食，回头则是清真饭馆的专利，二者联手，足以与天津包子分庭抗礼。

　　早年间，北门外大街极度繁华，非但是商贾云集、名店林立的著名商业中心，而且还是小吃荟萃、菜品纷呈的美食街。夜幕降临后，各家菜馆灯火交辉，食客如云。北门外大街路西五甲子老烟铺北面有一家"一条龙"字号的小饭馆，门面不大，一楼一底，以锅贴儿为主，兼有各种炒菜。

　　这里所谓的锅贴儿，实际就是汉民制作的回头，俗称大锅贴。门前支起一盘大灶，上面架着一口大铛，铛内油吱吱响着，大锅贴儿煎炸得油汪汪的焦黄，香气四溢，让人闻香驻足。回头虽小，但是选料制作很有讲究。选用肥瘦得当的鲜肉，用刀细细斩碎，放在容器里往一个方向搅拌，边搅边添加调料，一直搅到肉末起绒都粘连在一起。这样调和出来的肉馅，一是入味，二是软而不泥。葱姜末先用香油煨好，只用葱白，不用葱叶，否则调和出来的肉馅不好看也不好吃。面和得软硬适当，软了托不住馅，硬了咬不动。最好不要选用高筋面，以免面皮过硬。

幼年时，家境清贫，母亲怕我们受委屈，就时常不断地到一条龙小馆花两角钱买四个大锅贴儿让我们就玉米面窝头。看着我们狼吞虎咽地吃，父母坐在一旁开心地笑。他们只是用简单的素菜，甚或是用咸菜下饭。那时年幼不懂事，只是觉得大锅贴儿香，根本不懂得父母的恩情。长大成家有了自己的孩子，才深深地感悟父母的恩情，时时给父母买些他们喜爱的吃食孝敬，可惜父母已经老了，吃不动了。如今我已逾花甲，回想往事，深感愧疚，不禁泪眼蒙眬。

　　现在生活好了，孩子比我们有福。他们几乎每天进出饭店菜馆，不再像我们当年用回头或锅贴儿来就窝头。有一次我做了羊肉锅贴儿后，顺手拿起一块玉米面窝头就着吃。孩子愣愣地看着我，不解地问道："您脑子没问题吧？"我默默地吃着，没有理睬她，因为一两句话和她说不清，他们怎么能品出其中的悠悠香味，体味出其中的拳拳亲情啊？《礼记·中庸》有一句话讲得好："人莫不饮食也，鲜能知味也。""知味"是人生大学问，因为味道一旦浸染并沉淀为人生思考之后，简单的感性味觉则升华为哲学的理性思考。

美味录	登悦酒楼	红桥区丁字沽一号路与四新道交口
	大眼锅贴	河东区八纬路106号（近十二经路）
	凭湖轩	河西区水上西路干部疗养院旁
	羊上树	南开区南门外大街406号

三皮两馅

019

千层肉饼

馅饼何处都有，馆子小摊制售，家庭主妇擅长。但有名有号的当推皮薄馅厚的"香河肉饼"。因香河位于北京东部，香河肉饼又称"京东肉饼"。其实，吃肉饼最讲究的还数天津。

天津肉饼有回汉之分，回族人擅长"三皮两馅"牛肉馅饼，汉族人拿手的是"千层大肉饼"。

天津清真馆制售牛肉馅饼三层皮两层馅，简称"三皮两馅"。选鲜嫩牛肉经冷藏（冰镇）排酸后，用长刀剁成肉粒（即不是乱刀剁，也不可上绞肉机绞），容器中放入等量牛肉粒与洋葱头粒，加黑胡椒粉、盐、香油、料酒、酱油、高汤等作料，搅拌均匀上劲；标准面加水和成软面，软至勉强将面提起为准，然后饧透，下剂擀成薄片；

选鲜嫩牛肉经冷藏（冰镇）排酸后，剁成馅，加葱、姜、黑胡椒粉、盐、香油、料酒、酱油、高汤等，搅拌均匀上劲；标准面加水和成软面，软至勉强将面提起为准，然后饧透，下剂擀成薄片；牛肉馅均匀地摊在面皮上，叠加两层；最后放入饼铛双面煎熟。牛肉在黑胡椒和洋葱的作用下肉香四溢，馅心香嫩；夹在两层肉馅中的面皮浸透肉馅汁液，浑似素肉，口感筋道，香味独特。

千层大肉饼明显带有天津人的豪放性格，由表及里，诚（层）心诚（层）意。表皮酥脆不焦，内里层次分明，变化有致，既美观又美味。

将和好的牛肉馅均匀地摊在面皮上，叠加两层；最后放入饼铛双面煎熟。长方形似回头，圆形为馅饼，表皮酥脆油润。牛肉在黑胡椒和洋葱的作用下肉香四溢，馅心香嫩；夹在两层肉馅中的面皮浸透肉馅汁液，浑似素肉，口感筋道，香味独特。

千层大肉饼九层皮八层馅直径一尺二，厚达寸许。取肥瘦各半的猪肉剁成肉馅，加葱姜米、香油、酱油、料酒、盐、白胡椒粉、鸡蛋液等作料，搅拌均匀上劲；标准面粉加水和面，至软硬适中便于抻拉，饧透，下剂擀成圆形大片；将肉馅均匀摊在面皮上，在上下左右三分之一位置各切两刀，左右叠加后折至中间，再将上下部分叠在中间，稍压，擀成圆饼；最后放入饼铛慢火煎烙至熟透。对角切四刀分八块上桌。千层大肉饼明显带有天津人的豪放性格，由表及里，诚（层）心诚（层）意。表皮酥脆不焦，内里层次分明，变化有致，既美观又美味。

四皮三馅的绝活

王艳
王三姑牛肉馅饼创始人

　　王三姑肉饼店老板娘王艳，在娘家排行老三，人称"三姑"。王家世居西北角回族聚居区，是回族人中的经商世家。

　　三姑嫁到刘家，操持家务，里外一把好手，做经营更是头头是道。从一个炉子一口锅，一把铲子一个铛起家，到如今，不敢卖早点卖晚饭，只中午一顿饭就忙得不可开交。别的不说，就牛肉馅饼一项，每天就要用面粉、牛肉、大葱各200斤，植物油40斤。中午10点半开始，食客便络绎不绝，12点达到高峰，排起二三十米的长龙，5个炉子4个铛齐上阵，仍是供不应求。到了下午3点，仍有食客光临。

　　三姑牛肉馅饼之所以大受食客追捧，三姑道出真经：做买卖就要实实在在，你糊弄人，玩虚的，下次人家就不来

了。这"一锤子买卖"的活儿，咱能干吗？做买卖得懂得"半分利撑死，一分利饿死"的道理。您看，我这儿净是回头客。为吗？就冲着我的东西实惠。

王三姑肉饼店牛肉只选里脊和上脑，保证肉嫩馅鲜绝不吐核（hù）儿。和好的牛肉馅放在盆里堆出尖，不塌不流不外溢，说明肉馅实在。馅饼投料标准是6两面、6两馅，每张保证1斤2两。馅饼切4块，断口处肉面层次分明，外两层面皮油焦酥脆，里面两层面皮油润软嫩，三层牛肉馅不软不硬不薄不厚，恰到好处。一张馅饼可以吃出不同的口感，肉香、油香、面香浑然一体。

王家做牛肉馅饼世代相传，祖辈就独创了四层皮三层馅的做法，传到三姑这代更是发扬光大。四皮三馅形式提升了内容，既有看点，又有卖点。三姑自豪地说："不敢说大饭店里的三皮两馅牛肉饼都是跟我们家学的；但我敢说我们家做四皮三馅牛肉饼的时候，还没有那些大饭店呢。"

看着排成长龙的食客，看着汗流浃背的伙计，还未尝到肉饼，却已品出了味道。

王三姑馅饼
红桥区西关北街（清真南大寺南侧）
燕春楼饭庄
红桥区大胡同2号
宴宾楼
南运河南路（近咸阳路）

020 炸糕 油糕

油糕即炸糕，油炸食品。有人说：油糕又叫年糕、枣糕、切糕。大谬！油糕与炸糕相同，是占了一个"油"字。年糕、枣糕、切糕，盖与"油"了无关涉，焉以油糕称之？

"炸糕"是京津地区百姓的习惯称呼，无论江米面炸糕，还是小麦面烫面炸糕，抑或奶油炸糕，都是油炸的糕。全国很多地区，特别是山西、陕西地区多称"油糕"。

天津炸糕以"耳朵眼炸糕"为最，乃天津小吃"三绝"之一。清光绪十八年（1892），天津人刘万春做起炸糕买卖。小推车上挂"回民刘记"木牌，在北大关、估衣街一带现炸现卖。后来，刘万春与外甥张魁元合伙，在北门外大街租了一间八尺见方的脚行下处（搬运工办事和休息的地方），挂上刘记招牌，干起了炸糕店。

刘万春的炸糕用料讲究，选用北运河沿岸杨村、河西务和子牙河沿岸文安、霸县出产的黄米和江米作为原料。江米、黄米用水浸泡，再用石磨磨成粥状，盛在布袋中，经淋水发酵后兑碱，做成面皮。经水浸泡的江米、黄米比干磨面颗粒细腻，口感更好。糯豆馅用天津本地出产的朱砂红小豆，加优质红糖，在锅内熬汁炒成豆沙馅，凉后做馅心。使用130度热油炸制，勤翻勤转，出锅的炸糕，色泽

江米、黄米用水浸泡，再用石磨磨成粥状，盛在布袋中，经淋水发酵后兑碱，做成面皮。糯豆馅用天津本地出产的朱砂红小豆，加优质红糖，在锅内熬汁炒成豆沙馅，凉后做馅心。用130度热油炸制，勤翻勤转，出锅的炸糕，色泽金黄，布满疙瘩刺，行话称为"爆刺儿"。

烫面炸糕用小麦粉制作，开水烫面，揉光揉熟。炸制用花生油，油温控制在140度，生坯下锅前要蘸矾水，使炸出来成品表皮酥脆，呈老红色，小巧美观。其馅料较之江米面炸糕丰富，除红小豆馅外，还有红果、白糖两种。特点是，面软却不粘牙，松软酥脆，细沙香甜，口感独特。

金黄，布满疙瘩刺，行话称为"爆刺儿"。

刘记炸糕外皮酥脆不艮，内里柔软糯黏，豆馅细甜沙口不粘牙，色、形、味均超类拔萃，故赢得大量回头客。生意日渐兴隆，刘家子弟陆续进店帮忙，每日卖出炸糕百斤以上。清光绪末年，刘万春在北门外大街先后租赁两间门脸，取名"增盛成炸糕铺"，人称"增盛成""炸糕刘"。炸糕店靠近估衣街和针市街繁华商区，商家富户、普通百姓过生日、办喜事，借"糕"字谐音，取步步高之吉利，纷纷提前预购，生意蒸蒸日上，刘记炸糕店名声大噪！因炸糕店紧靠一条只有一米来宽的狭长胡同——耳朵眼胡同，人们便风趣地以"耳朵眼"来称呼刘记炸糕铺。天长日久，"刘记增盛"被人淡忘，而"耳朵眼炸糕"却不胫而走，遐迩闻名了。现在，"耳朵眼炸糕"已跻身"天津市市级非物质文化遗产传承保护项目"之列。

天津炸糕另一名品，就是"烫面炸糕"。烫面炸糕用小麦粉制作，开水烫面，揉光揉熟。包制时剂子要一样大，每个重1两1钱，包入6钱重馅心。面皮薄厚一致，封口严紧，炸时不喝油、不漏馅。炸制用花生油，油温控制在140度，不能忽高忽低，否则影响成品色泽。生坯下锅前要蘸矾水，使炸出来的成品表皮酥脆，呈老红色，小巧美观。其馅料较之江米面炸糕丰富，除红小豆馅外，还有红果、白糖两种。特点是，面软却不粘牙，松软酥脆，细沙香甜，口感独特。

天津烫面炸糕之佼佼者是"陆记烫面炸糕"。陆筱波于1918年，在天津东北角鸟市游艺市场的泉顺斋创建"陆记"食品部，专营烫面炸糕。公私合营后，迁址北营门外大街，现并入天津耳朵眼炸糕餐饮有限责任公司。"陆记烫面炸糕"与"耳朵眼炸糕"，如春兰秋菊，各呈异彩。

炸糕还是耳朵眼儿

杨恩来
耳朵眼炸糕餐饮有限
责任公司总经理

20世纪，杨恩来主持修建耳朵眼清真大饭店，将耳朵眼炸糕小铺推入金碧辉煌的殿堂。尽管传统菜品和创新菜品琳琅满目，但小小的炸糕，却吸引了无数中外食客。杨恩来总经理感慨地说："不服不行！耳朵眼的炸糕就是好。谁到这儿吃饭，都点耳朵眼炸糕，末了，还带几个走。"

耳朵眼炸糕的创始人刘万春，在公司的上上下下里，一律尊称"老祖宗"。杨恩来从耳朵眼炸糕第三代传人刘恩起手中接掌耳朵眼炸糕公司，老祖宗留下来的手艺不敢丢，选料仍按老祖宗的规矩办，一丝不苟。炸制炸糕要用生芝麻油，使成品色、香、味、形俱佳——金黄酥透，咬一口后，黄白黑三色分明。黄的是炸成焦黄色的外皮；白的是糯米皮料，有嚼头，不粘牙；黑的就是甜甜的豆馅（不是豆沙馅）。红小豆选自以天津为中心半径60千米以内的河北地区，皮薄沙细口感好。

炸糕好吃关键在于白皮料的薄厚适度。皮儿太薄，容易炸硬，皮儿太厚，食客会说偷工减料不地道。有外行人说炸糕面里掺豆渣，那是瞎掰。糯米产地不同，存放时间不同，其米质和黏度会不同。我们会根据季节变化，视糯米面的黏度，适量配比大米面，以增加酥脆口感。要说改进，就是根据现在食客的口味要求，增加了豆馅的分量。"老祖宗"时，一个炸糕2两至2两3钱，裹7至8钱的豆馅。现在将豆馅增加到1两。虽增加了成本，但迎合了当代食客的需求。

吃耳朵眼炸糕有讲究，应趁热吃，如放凉后再吃，味道将大为减色。带回家，放微波炉里打一下，炸糕的酥脆感全无。更不可将热炸糕放聚乙烯食品袋装盛，一旦捂住热气，那就成了"油糕"。天津人讲话：炸糕上笼屉——跑油又漏气。在炸糕店窗口外端纸袋趁热吃炸糕的人，那才是真正的吃主儿。

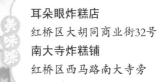

耳朵眼炸糕店
红桥区大胡同商业街32号
南大寺炸糕铺
红桥区西马路南大寺旁

美味踪

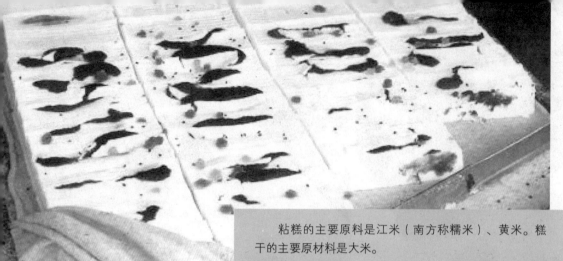

021 糕干 粘糕

粘糕的主要原料是江米（南方称糯米）、黄米。糕干的主要原材料是大米。

粘糕又称年糕，取"年年登高"的吉祥寓意。江米面的粘糕洁白，黄米面的粘糕金黄，分别象征黄金和白银。黏米面裹豆馅的俗称"豆篓"。黏米面不放馅的称为"白坨儿"，外形像小馒头，凉吃较硬，热吃时可蒸热回软。黏米面中放果料的，称"什锦粘糕"，放小枣或花豆的俗称"枣粘糕""豆粘糕"，其外形像书本，吃时改刀切条，用热油煎。

江米蒸熟夹裹豆馅或小枣，因出售时用刀切成块或片，故名"切糕"。切糕制作讲究"三蒸一糗"。所谓"三蒸"：将泡好的江米沥净水后上屉，旺火蒸，此为"一蒸"；蒸好下屉入盆，开水浇淋，边浇边搅，形成糊状，再上屉蒸，此为"二蒸"；约40分钟后下屉再搅，成黏稠团糊状，再蒸10分钟，此为"三蒸"。历经三蒸的江米团，不板结，不窝水，无硬心，且成坨，而且米粒形状依稀可辨。所谓"一糗"，即为糗豆馅，要求糗透糗烂无硬粒儿。出摊儿前，将前一天晚上蒸好的江米团压成片状，与豆馅相摞，成四层江米三层豆馅，

江米蒸熟夹裹豆馅或小枣，称"切糕"。将蒸好的江米团压成片状，与豆馅相摞，成四层江米三层豆馅，或三层江米两层豆馅，上面放青红丝、葡萄干、瓜条等果脯点缀。俯视，五颜六色，犹如白玉镶玛瑙；侧观，棕白相间，层次分明。

糕干的主料是精选上好稻米加少许江米，清水泡发后，沥水上石磨碾成米粉，再经细箩过筛。将三分之一米粉置于模具中，划线打窝儿放入馅料，再继续筛入米粉致顶，用木板刮平，撒上切好的青红丝、玫瑰、瓜条、蜜饯橘皮等什锦果料，旺火蒸熟。糕干中的馅料有红果馅、白糖馅、豆沙馅等。大火蒸熟。

或三层江米两层豆馅，上面放青红丝、葡萄干、瓜条等果脯点缀。俯视，五颜六色，犹如白玉镶玛瑙；侧观，棕白相间，层次分明。出售时一刀切下，再蘸白糖，具有黏、糯、甜、香四个特点。

粘糕的最高级层次是"八宝年（粘）饭"，与切糕制作相似。因制作精致份儿小，故无"三蒸"之繁，但也需"二蒸"方可成型。将蒸好的江米饭分层放在大海碗中，每层饭之间分别放入红豆沙、无核小枣、栗子、莲子、松仁、核桃仁、青红丝、瓜条、京糕、什锦果脯等。"二蒸"后，将碗倒扣盘中，上浇桂花糖汁。八宝年饭是天津人春节款待贵客的上品。

糕干的主料是精选上好稻米加少许江米，清水泡发后，沥水上石磨碾成米粉，再经细箩过筛。做糕干的工具有讲究。屉布浸湿铺在竹箅子上，用特制的方框模具放在中间，筛米粉至框满，大火蒸熟。

天津制售糕干的商家很多，各有独特的风味。最负盛名的"杨村糕干"，在米粉中加入中药茯苓，开胃健脾，又称"茯苓糕干"。杨村糕干成品质地细腻，洁白清爽，微甜软香，富有弹性，久放不坏。把糕干放在碗里，开水浸泡，乳白香甜如奶水，最适合老年人和婴幼儿食用。

"芝兰斋糕干"内中有馅，顶上有果料。将三分之一米粉置于模具中，划线打窝儿放入馅料，再继续筛入米粉至顶，用木板刮平，撒上切好的青红丝、玫瑰、瓜条、蜜饯橘皮等什锦果料，旺火蒸熟。糕干中的馅料有红果馅、白糖馅、豆沙馅等。

"糕干王"的糕干，将红果馅和豆沙馅放在同一块糕干上，一黑一红，称"鸳鸯馅糕干"。用芝麻仁、核桃仁、瓜子仁、松子仁和花生仁做成"五仁俱全"的夹糖糕干，丰富了糕干的品种。糕点店的"绿豆糕"也是糕干的一种，别具风味。

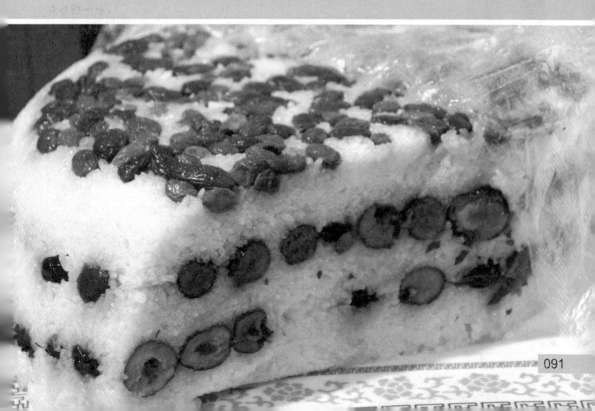

杨村糕干步步高

粟岩奇　公务员

天津人习惯于把地名和特产联系在一起，如茶淀葡萄、沙窝萝卜、北塘海鲜、武清豆丝、杨村糕干等，都是天津名特产品。农历新年，天津民俗喜欢吃杨村糕干，谐音来年步步高。当年小贩叫卖吆喝"合家欢乐的糕干""大发财源的糕干""金玉满堂的糕干""吉庆有余的糕干"等，把喜庆和欢乐融入其中。

杨村糕干历史悠久。明永乐年间，朱棣迁都北京，大兴土木，漕运繁忙。杨村地处大运河畔，商民往来，热闹非凡。当时，浙江余姚杜姓兄弟及家人落户杨村。杜家将米磨成粉，加上白糖等辅料蒸成糕干，沿街售卖。南方船夫、客商自然爱吃这种吃食，而好热闹的天津人也爱尝尝鲜。一来二去，杜家的买卖渐渐成名。到杜家第三代，开办万全堂糕干店，所挂招牌上书"永乐二年，三世祖传"。

杨村糕干以精米、绵白糖为主要原料，生产工艺细腻考究——将小站稻米和江米洗净，清水泡胀，控去水分后，用石磨磨成米粉。将红小豆洗净晾干，磨成干面，与红糖、玫瑰酱、熟麻仁和剁碎的青红丝搓匀成豆沙馅。另将松子仁、瓜子仁、核桃仁、蜜橘皮、青红丝切成碎块。然后，将铺好屉布的算子置于案上，摆上厚约3.3厘米的长方形木模。将湿米粉均匀撒入，撒至占木模厚度三分之一时，均匀地撒上豆沙馅。撒至木模只剩三分之一厚度时，将湿米粉再撒入。用木刮板把米粉

与模子刮平，再用小铁抹子抹出光面，用刻有细直纹的木板按压出直纹，撒上切好的多种小料，再用刀将糕干生坯切成40块。撒去木模，将生坯上蒸锅蒸10分钟，至豆沙馅裂开时即熟。

杨村糕干外观洁白，不粘牙不掉面，绵软筋道、松软适口，风味独特，尤其适宜老年人和儿童食用。因其易消化，有健脾养胃功效，获得"茯苓糕干"的美称。清末民初，仅杜姓开设的糕干店就有万全堂、万胜堂、万金堂、万顺堂、万源堂等多家，人们统称杨村糕干。杨村糕干呈扁条形或扁方形，四块包成一包重75克，塑袋封装，以巴拿马赛会所获"佳禾"铜质奖章图案为标签。产品畅销各地，远销海内外。

传说清康熙皇帝南巡驻跸杨村，尝了杜家糕干后龙颜大悦，不仅将其列为贡品，还特供南方优质稻米，以示皇恩。后乾隆皇帝路过杨村，品尝万全堂糕干，并亲笔题写"妇孺盛品"四个大字。御赐匾额一挂，万全堂糕干名声大振。杜家族人纷纷来到杨村，大做糕干生意。人们俗称这些糕干为"杨村糕干"。1930年，万全堂糕干在巴拿马万国博览会上荣获"佳禾"铜质奖章，杨村糕干从此走向世界。

周恩来青年时代在天津南开学校读书时，就喜欢吃武清籍同窗朱二吉从家乡捎来的杨村糕干。1958年8月21日，周恩来总理和陈毅副总理陪同柬埔寨国家元首西哈努克亲王和夫人来杨村，参观筐儿港八孔闸水利枢纽工程。杨村糕干成为招待贵宾的佳品，西哈努克亲王和夫人都表示：杨村糕干好吃。周总理品尝杨村糕干，似乎引发了青年时代温馨的回忆，他连声称赞："好吃，不减当年！"还风趣地吆喝一声："杨村糕干老铺的好！"博得大家一阵笑声和掌声。

美味踪	芝兰斋糕干店	和平区南市食品街
	万全堂杨村糕干	和平区南市食品街
	天津糕干王	红桥区西马路清真南大寺旁

蜜耳朵 022 驴打滚

蜜耳朵与驴打滚都是天津传统小吃。属于甜食，凉吃。正餐之前配热茶、热奶食用，属于"垫补垫补"性质。在正规学术会议，名曰"茶歇"。

蜜耳朵用兑好碱的发酵面和和好红糖的糖面，两种面分别擀成面片，糖面要薄一些，然后将糖面铺在发酵面片上，再用另一块发酵面片覆盖在糖面上，形成"二夹一"厚片。用刀切下5厘米左右长条，将长条一边摁薄，成坡形，把薄边和厚边合到一起，从囫囵头切一刀口，然后打开薄的一面从中间开口处往里翻过去，厚的一边向卜摁，再翻叠在切口边缘上，就成了耳朵形的坯子。锅中花生油烧五成热，分批将坯子放入油炸，炸透呈金黄色时捞出，沥尽油，趁热放入温热的饴糖中泡一分钟，此环节称为"过蜜"。待糖汁浸透后，捞在盘里晾凉即可。

蜜耳朵棕黄油亮，质地绵润松软，香甜可口，色、香、味、形俱佳。北京人称蜜耳朵为"蜜麻花"，并赋诗赞曰："耳朵竟堪作食耶（读yā，表疑问）？常写伴侣蜜麻花。劳声借问谁家好，遥指前边某二巴。""巴"是"爷"的意思。回族民众将族中有成就、有地位、备受尊崇的中老年男性尊称为"巴"，与京津地区汉族民众将男性中老年人尊称为"爷"相仿。津京两地食俗相同，经营蜜耳朵、驴打滚等小吃的多为回族人。诗中所说的"某二巴"，如同"穆巴""金巴"，即"二爷""穆爷""金爷"。再如，人们熟知的"阿里巴巴"是音译，翻译成

蜜耳朵用兑好碱的发酵面和和好红糖的糖面，两种面分别擀成面片，形成"二夹一"厚片。用刀切下5厘米左右长条，将长条一边摁薄，成坡形，把薄边和厚边合到一起，从囫囵头切一刀口，然后打开薄的一面从中间开口处往里翻过去，厚的一边向上摁，再翻叠在切口边缘上，就成了耳朵形的坯子。五成热油炸透呈金黄色时捞出，沥尽油，趁热放入温热的饴糖中泡一分钟"过蜜"。糖汁浸透后，晾凉即可。

"驴打滚"正名"豆面糕"。将黄米面加水蒸熟，另将黄豆炒熟后碾成粉面，红小豆糗成豆沙馅。将蒸熟后的黄米面放到铺有豆面的案子上擀成薄片，然后抹上豆沙馅，卷成直径约6厘米的长卷，再切成100克左右的小块，撒干豆面即成。驴打滚制作，力求将馅卷得均匀，层次分明。外表呈黄色，特点香、甜、黏，有浓郁的黄豆粉香味儿。

汉语就应该是"阿里爷爷"。

"驴打滚"正名"豆面糕"。将黄米面加水蒸熟，另将黄豆炒熟后碾成粉面，红小豆糜成豆沙馅。将蒸熟后的黄米面放到铺有豆面的案子上擀成薄片，然后抹上豆沙馅或红糖馅，卷成直径约6厘米的长卷，再切成100克左右的小块，撒干豆面即成。

驴打滚制作，力求将馅卷得均匀，层次分明。外表呈黄色，特点香、甜、黏，有浓郁的黄豆粉香味儿。为了防止干豆面呛入口鼻，吃驴打滚讲究"三不要"，即一不要深呼吸，二不要大口吃，三不要边吃边说话。干豆面吸湿性强，粘到鼻腔或上颚往往不易脱离。

关于驴打滚名称的来历，《燕都小食品杂咏》云："红糖水馅巧安排，黄面成团豆里埋。何事群呼'驴打滚'，称名未免近诙谐。"其得名理据，坊间有两种传说。

一种传说，乾隆皇帝平息大小和卓叛乱后，把新疆一个维吾尔族首领的妻子抢到宫中，册封香妃。香妃日夜茶饭不思，急坏了乾隆皇帝，传旨御膳房，说：如果谁能做出香妃爱吃的东西，不但升官，还赏银千两。御厨们闻风而上，大显身手，精心制作数千样山珍海味、风味名吃，但香妃连看也不看。乾隆皇帝只好下旨，叫白帽营的人给香妃做家乡吃食送进宫中。香妃的丈夫买买提从新疆跋山涉水来到北京，藏身于白帽营，想方设法打听香妃下落。当他听说皇帝下旨让白帽营的人将最有特色的清真美食送进宫—博香妃欢心，觉得这是个好机会。于是，他做了一盘祖传江米团子，送入宫中。太监问食物何名？买买提随口答曰："驴打滚。"宫女把驴打滚端到香妃面前，香妃眼睛一亮，知道丈夫来了，便强打精神夹起一个，轻轻咬了一口。乾隆皇帝听说香妃吃东西了，大喜过望，下旨令买买提天天做驴打滚送进宫来。于是，驴打滚就出了名，后流传民间。

第二种传说，慈禧太后吃烦了宫里食物，想尝点儿新鲜吃食。御膳大厨决定用黄米粉裹红豆沙创制一道新鲜小吃。小吃刚做好，一个外号叫小驴儿的太监来到了御膳厨房，不小心把刚做好的小吃掉进装黄豆面的盆里，这可急坏了御膳大厨。此时重做已来不及，大厨只好硬着头皮将这道小吃呈献到慈禧面前。太后一吃，觉得香甜可口，发问："这东西叫什么呀？"大厨想都是那个小驴儿太监闯的祸，于是答道："驴打滚。"

其实，"驴打滚"是个比喻，豆沙馅黄米面卷撒上黄豆面，犹如撒欢的小驴驹子在黄土里打个滚儿。"乾隆香妃说"和"慈禧小驴儿说"不过都是后人的附会解说罢了。

甘苦情结驴打滚

杨强　自由职业者

大凡喜欢某种美食的人，只要条件允许，往往会多吃几口，甚至往死里吃。我不然，我和常人正相反，对最喜欢的美食却产生一种畏惧感，生怕吃出异味，吃出与第一次吃时不一样的感觉。驴打滚之于我，就是如此。

1973年，我7岁。从现在的北辰区（那时叫北郊区）农村回到市里的父母身边上小学，家住滨江道，与劝业场咫尺之遥。

一个星期天，爸去河东上班，妈说要带我去"天祥后门"买小吃。我那时尚不知何为小吃。从不记事时起，就离开父母，一年也见不着几面，又是刚刚回到他们身边，所以不好意思问，妈说去咱就跟着走呗。

在劝业场后门对面的一个食店里，妈指着柜台里为数不多的几样吃食，问我爱吃哪个？我一样也没吃过，无从选择，只得反复扫描那几样吃食。妈见我不开口，就指着一样说："买这个驴打滚吧。"当时，我直发愣，心想那一团儿东西跟驴有什么关系？我在农村天天看见驴，也没少见驴打滚、马打滚的，难道这东西是市

里人用驴在地上滚碾出来的吃食？

　　见我一脸茫然，妈笑了，手指粘着黄澄澄豆面的吃食说："你看，那粘在上边的面子像不像驴在地上打完滚沾上的一身土？"见我点头，妈掏钱买了一大块，我记得花了两毛钱。

　　从第一口驴打滚进嘴，绵软温润的感觉就柔柔地抚慰着我的灵魂。7岁前不在父母身边的岁月，我是吃粗粮长大的，吃东西的记忆都是硬硬的。上学后在父母身边的日子，吃打挨骂成了家常便饭。记忆中，吃驴打滚前后的那段时间，是我和父母相处得最温馨最滋润的时光。

　　后来知道，这家店铺就是著名的京津小吃店。但我总是不再买驴打滚了，不想让那稚嫩的童心和美好的记忆受到丝毫的损伤。但我有时还去那家店，买一碗小豆粥，望着柜台陈放的驴打滚，静静地慢慢地喝。咂摸着驴打滚的美味，仿佛回到了当年与父母其乐融融的美好时光。

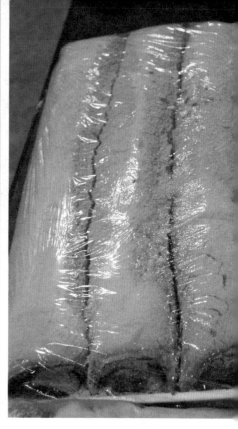

耳朵眼炸糕店
红桥区大胡同商业街32号
大福来
红桥区西青道126号
任一民
和平区西安道53号
马记西域斋小吃店
和平区南市食品街东区

023 馓子麻花

为嘛把"馓子"和"麻花"平列？因二者皆为条状面食，且为油炸食品。据说馓子历史悠久，早在一千四百多年前的北朝，即称"环饼""寒具"。《名义考》云："绳而食之，曰环饼，又曰寒具，即今馓子。"宋朝文豪苏东坡在徐州时，喜吃馓子，其《寒具诗》云："纤手搓成玉数寻，碧油煎出玉黄深。夜来春睡雾轻重，压扁佳人缠臂金。"用精妙的比喻，将馓子制法和外形作了形象化的描绘。麻花始于何时？无从考证。但依其外形推测，馓子应早于麻花，它是麻花的老祖宗。

馓子在全国分布很广，有河北衡水油炸馓子、江苏淮安茶馓、徐州蝴蝶馓子、四川阆中馓子、北京人干脆把馓子和麻花连在一起直叫"馓子麻花"；面坯沾上芝麻炸制的馓子叫"麻衣馓子"。西北的回乡馓子是回族群众欢度开斋节、古尔邦节、尔德节、圣纪节，以及婚丧大事中的必备食品。民间歌谣传唱："点心香，月饼美，回回的馓子甜又脆。"

俗话说，猴吃麻花——满拧。一个"拧"字，就点出区分馓子与麻花的关键所在，把馓子"一拧"，麻花就诞生了。

制作馓子要用精粉。红糖、桂花用水溶化，再加入矾、碱、小苏打等，用此水和面至面团光润。经搓条、饧发、揪剂、粘芝麻、搓细条、并条、盘条、下油锅定形，炸至金黄色即成。

麻花与馓子的制作方法相似，但使用半发面，成品通体棕红，外形顺直，编花均匀，无大头小尾，不抱条粘连，无花条。内部无生心，无面结，无空心，无跑馅，无白茬。不生不皮不艮不绵不过火。口感油润，酥脆香甜，久放不绵。

麻花品种很多，因地域得名的有：天津大麻花、崇阳小麻花、北京脆麻花、稷山麻花、伍佑麻花、大营麻花等。依口味分，有甜口、咸口两类；还有酥脆、焦脆、爽脆、油酥之分。但万变不离其宗，各类麻花皆呈"绳子头"状，故又有"铰链棒""油绳"之类别称。

百年前的天津麻花，与各地麻花大同小异。用两三根白条拧在一起不捏头的叫"绳子头"，两根白条加一根麻条拧在一起的叫"花里虎"，两三根麻条拧在一起的叫"麻轴"。而那时炸出来的麻花虽脆香，但艮硬。

直到1937年，天津麻花才有突破性创新。河北大城西王香村的范贵林、范贵才两兄弟自幼丧父，随母来到天津。兄弟俩在麻花店学徒，聪明肯干，手脚勤快，很快就掌握了炸麻花的手艺。后来，兄弟俩分别服务的两家麻花店先后倒闭，他们便自谋生路，各自开设麻花店。范贵林字号"贵发祥"，范贵才店名"贵发成"。两店间的工艺与经营竞争，促进了麻花质量的提高。

范贵林锐意创新，屡经探索，在白条麻条中间夹一根含桂花、闽姜、桃仁、瓜条等多种小料的酥馅，发明了夹馅麻花，但麻花白条发艮的难题却始终困扰着他。一个下雨天，顾客稀少，剩下很多面料，范贵林为防止面皮发干，就往面料上淋水。不料，淋水过多，面料竟成糊状，并开始发酵，经兑碱并揉入干面后，和成半发面，炸出来的麻花酥脆馨香。在这次偶然发现的启发下，经反复试验改进，终于研制成夹馅和半发面的新品种。兑碱也随季节、气候变化而增减配比方法，使炸出的麻花在一年四季都保持质量稳定。

风味独特的夹馅什锦麻花，通体棕红，外形顺直，编花均匀，无大头小尾，不抱条粘连，无花条。内部无生心，无面结，无空心，无跑馅，无白茬。不生，不皮，不艮，不绵，不过火。口感油润，酥脆香甜，久放不绵。在规格上，50克、100克、250克、500克、1000克重量不等，最大的5千克一个。

桂发祥麻花店坐落在东楼十八街辖地，老天津人又称"十八街麻花"。因其美味可口，包装精美，携带方便，早已成为天津人馈赠亲朋好友的首选礼品。天津人将麻花归入茶点类，午后饮茶佐食。早餐食用者极少，而早餐吃馂子比较普遍。

酥香麻花寄亲情

由国庆　美食、民俗、收藏家

敝人祖籍陕西关中蒲城，家父自十几岁参军离家，复员转业定居天津后即到新疆支边工作。20世纪六七十年代，爸爸每两年回津探亲一次，春节三五天刚过，他便要提前动身，因为途中一般要在西安或渭南下车，转赴老家小住片刻。那时从天津走，妈妈为爸爸和老家必备的食品是几罐肉丁炸酱和两盒桂发祥十八街麻花。捎带炸酱，缘于边疆艰苦的生活，爸爸日常极少见到荤腥，油香的炸酱佐餐大致可以挨过一段时光。携礼麻花，缘于这是最叫绝的津味小吃，对于乡下人来说堪称天堂美食。就是在物质极大丰富的今天，也如此认为。

天各一方的生活苦熬到改革开放，爸爸终于如愿调回天津工作，这样，伯伯便隔几年来天津看望哥嫂。家里人知道伯伯对麻花情有独钟，所以总是早早准备好。那年月，家中经济条件还是有些拮据，常吃的不过是小门市里的普通麻花，尽管如此，伯伯吃起来照样津津有味。他说，老家的集上也有麻花，软软的，口感和天津麻花没法比，特别是十八街麻花中还加入了各种小料，恐怕在全世界打着灯笼也寻不到。伯伯回乡前，妈妈总是早早打发我到市里去买正宗的十八街麻花，即便是多花点钱，也要让亲戚高高兴兴。临行前，爸爸定会将麻花包了再包，生怕在火车上被挤碎。而伯伯觉得无所谓，无论咋样，口味变不了。那些年，伯伯回乡的背影常常是肩扛一大包旧衣服，手里拎着几盒大麻花。

记得是90年代初的一次，我带着伯伯跑到了和平路逛街顺便买麻花，没想到却煞费苦心。当时，市场开放搞活，市里、火车站的街面上随处可见大大小小的麻花店，无论赵钱孙李皆称"天津大麻花"或"桂发祥十八街"，鱼龙混杂，难辨真伪，苦于总不能挨家去尝滋味的。我们在劝业场一带前后左右转了大致一个多小时，最后选择了一家店主貌似和气的麻花店选购了几盒。我边交钱还边忐忑，一再探问对方麻花的品质，得到的答案当然让我"满意"。时隔多日，伯伯来信说那些麻花的口味好像不大对劲，甚至不如早年普通的麻花，不过家里人吃了还是很叫好，觉得无论如何也比乡下的陈货有滋味。这时，我如梦方醒，才知道挨了温柔一刀。

这些年逢年过节，妈妈总会叮嘱我要邮寄一些麻花给老家，别断了亲戚联系。说起来，妈妈到了晚年也喜欢吃麻花，只是一点点地含着咂滋味。我有时会买几个孝敬老人家，逢此，妈妈总是唠叨现在的吃食不便宜，劝我不要乱花钱。2009年2月21日，伯伯火速来津，看望已进入弥留之际的嫂子——我的慈母。当时，妈妈已经很难讲话了，但当她望见风尘仆仆的伯伯时，竟用足了大致是仅存的一点力气，说出了"做饭、麻花"几个字……怎不让人为之动容。想来，这便是老人家对亲人的凝炼之情，我刻骨铭心。

桂发祥十八街麻花	河西区前进道25号
	河西区大沽南路566号
耳朵眼炸糕店	红桥区大胡同商业街32号
桂顺斋	和平区西安道53号

美味踪

元宵节吃汤圆，其风俗大行于宋朝。宋人周必大《平园续稿》有"元宵煮浮元子，前辈似未曾赋此"之说。后来，元宵又称为汤元，清人李调元的诗句"风雨夜祭人散尽，孤灯又唤卖汤元"即指此。辛亥革命后，袁世凯窃取大总统职位，他忌讳谐音"袁消"的"元宵"，于1913年元宵节前下令将元宵改为"汤圆"。

汤圆属大众食品，因多在正月十五上元节前后食用，故又称"元宵"。天津汤圆制作比较传统，无论回族汉族，均采用滚粉式。人们一看到包裹式的汤圆，就知道这是南方过来的元宵。

滚粉式汤圆制作已用机械代劳，但几经改进：先在摇元宵的笸箩下安滚珠轴承，后用电动机械摇臂，效果均不理想。最后，仿效制药厂转动式摇丸机，才大功告成。

过去制作汤圆，完全是手工摇制。直径一米多的大笸箩，放入干江米面和打制好断成方块形的馅料。摇制师傅双手揪住笸箩的边口，通过腰背用力，将笸箩一端提起，另一端支在案板上，然后将笸箩推向前方，再拉回。往复循环，使馅料在笸箩里滚动起来。几小翻后大翻一次，将

天津汤圆制作比较传统，无论回族汉族，均采用滚粉式。

清真汤圆以鲜果馅取胜。红果、菠萝、橘子、香蕉、枣泥、苹果、白果、黑芝麻、绿白糖、玫瑰、青梅、桂花、豆沙等汤圆品种。

汉民汤圆以巧克力、可可、咖啡、黑芝麻、白芝麻、黄油、松子、果仁、桃仁、五仁、葡萄干、鲜枣、杏脯、苹果脯等馅料为主。

下面的汤圆翻上来。摇制期间，还将半成品汤圆浸水三四次，使之不断沾上江米粉，使汤圆大小、重量达到规定标准。

滚粉式摇制汤圆的标准是，大小一致，重量一致，每500克江米粉出30个汤圆。否则，不是机械有问题，就是师傅手"潮"，手艺不到家。

俗话说：汤圆好吃馅难打。摇制汤圆很辛苦，是件力气活，可制馅打馅的手艺难度更高。打馅有专门模具，4根厚度2厘米的长木条，卡成40厘米见方的模具，将搓好拌匀的馅料倒入模具内，用擀面杖擀平，再用木槌砸实，故称"打馅"。去掉模具后，用刀将馅料切成大小均等的正方形。晾一晾，使之变硬。否则，摇制汤圆"过水"时，糖遇水易化，汤圆就难以成形了。遇到这种情况，摇汤圆师傅手艺再高，也枉然。

天津汤圆有回汉之分，主要区别在馅料。

清真汤圆以老字号桂顺斋为首，传统口味馅料，以鲜果馅取胜。红果、菠萝、橘子、香蕉、枣泥、苹果、黑芝麻、绿白糖、玫瑰、青梅、桂花、豆沙等汤圆品种行销几十年，为津门回汉民众之首选。

近十几年来，大桥道糕点公司生产的新式口味汤圆，异军突起，令人刮目相看。它借鉴并吸收南方汤圆以及月饼馅料的品类特点，创制出巧克力、咖啡、黑芝麻、白芝麻、黄油、松子、果仁、桃仁、五仁、葡萄干、鲜枣、杏脯、苹果脯等馅料，在汉族食客中占有一定市场。

滚粉式汤圆自有独到之处。相声大师马三立在相声作品中对此有形象的描述："馅儿又甜，面儿又黏，那汤也像杏仁茶一样好喝。

面儿黏馅甜煮元宵

赵竹林 机械工程师

"呵，个还真不小。真是个又大，馅又好，准是面儿又黏，馅儿又甜，就是好！"——这是相声大师马三立在名段《吃汤圆》中对元宵的赞许。这段相声属于荒诞喜剧，黑色幽默，讲述孔夫子带子路、颜回在陈国吃元宵的故事。

过去的汤圆店铺既卖生汤圆，也卖熟汤圆。正如马老的描述："茶食店，点心铺。这点心铺，五月节，卖粽子；八月节，卖月饼；正月十五卖元宵。卖元宵卖熟的。屋里摆几个桌子，带卖座；门口摆个大锅，现煮现卖。买生的也行，买熟的也行。买熟的屋里吃。门口有牌子，灰纸写黑字，写的价目表，写元宵的价钱，写：江米元宵，桂花果馅，一文钱一个。"

20世纪70年代末，和平路北头的桂顺斋有两个店铺，路东的卖糕点、生元宵；路西的店铺卖熟元宵，每年10月初开灶售卖至转年正月末。在不远处的多伦道和辽宁路交口，还有一家小吃店，一年四季专卖熟元宵和

桂顺斋
和平区和平路101号
大桥道糕点店
河东区程林庄路嘉华新苑4号楼底商
南开区园荫道8号

油茶面。

那年年底发年终奖，一哥们儿神秘兮兮地说："带你去吃一样东西，包你满意。"中午，从工厂溜出，直奔海河对面的和平路桂顺斋。吃饭时间，桂顺斋周围的居民和企事业单位员工将店堂挤得水泄不通，人们排成长队，等着取煮熟的汤圆。两口大锅煮汤圆，圆圆白白的汤圆随着沸水上下翻滚，热气弥漫。师傅不停地往锅里砸凉水，锅内清水已熬成稀汤粥。

熟汤圆9分钱1两，1两3个，有红糖、白糖桂花、红果、甜咸四种馅料。我吃了19个，感到撑得慌，但那位哥们儿一口气吃了29个，令我咋舌！但他说："这算嘛？我最高纪录：一次吃36个。"

令人遗憾的是，现在的糕点店已没有卖熟汤圆的了。

芽乌豆茴香豆

025

"五香芽乌豆"的称呼和制作方法，为天津独有。因乌豆外形含芽微吐，故称"芽乌豆"。

五香芽乌豆的制作，一在泡，二在煮。选优质蚕豆，用清水加大料、桂皮、茴香等天然香料泡发至豆皮略微龇嘴发芽为好，芽发大了牙碜。泡好后换水，投入传统五香作料煮软煮面即可。煮制火候和时间是制作成败的关键，欠火则艮，过火则飞。成品要求口感细腻，绵软适度，面而起沙，不水不柴，豆香四溢，回味绵长，营养丰富。

有人将"乌豆"写作"捂豆"，因售卖时盛于木桶，上加棉套盖，越热越捂香味越足，故曰"捂豆"，可为一家之说。鼓词《大西厢》莺莺唱词道："若老夫人知道了你千万别害怕，咱们娘儿们不打这场斗殴的官司有一点儿太窝囊——乌豆带面汤，破枕头漏了一点儿糠。"可见乌豆叫法还是有来历的。

傍晚时分，高门大嗓拉长音"芽——乌豆"声，穿街过院，给酒友献上物美价廉的酒菜。闲来小酌，乌豆便是最好的下酒小菜。如果再配上一盘天宝楼的粉肠蒜肠酱杂样儿，用天津话说，这才叫熨帖！

现在，沿街叫卖芽乌豆的极为罕见，但在小超市门

选优质蚕豆，用清水加大料、桂皮、茴香等天然香料泡发至豆皮略微龇嘴发芽为好，芽发大了牙碜。泡好后换水，投入传统五香作料煮软煮面即可。煮制火候和时间是制作成败的关键，欠火则艮，过火则飞。成品要求口感细腻，绵软适度，面而起沙，不水不柴，豆香四溢，回味绵长，营养丰富。

口，在菜市场里，芽乌豆小摊的买卖仍很红火。

卖芽乌豆的多为回族小老板，尤以北辰区天穆人制作的芽乌豆最为正宗。天津食品有限公司经理乃天穆镇老穆家后人，他按传统配方研制出新一代卫生方便的清真食品——五香芽乌豆，荣获2001年天津市地方特色菜品比赛家乡风味特色项目金奖。

天津五香芽乌豆的乌豆，不能与江浙一带的茴香豆画等号。江浙茴香豆，用干蚕豆做原料，在水中浸泡沥干。入锅后加适量水，急火煮15分钟。见豆皮周缘皱凸，中间凹陷，便加入茴香、桂皮、食盐（传统做法用酱油）和食用山萘，改文火慢煮，使调味品渗透豆肉中，待水分基本煮干，离火揭盖冷却即成。

二者区别，首先外形不同。五香芽乌豆张嘴有"芽"；而茴香豆无"嘴"无"芽"。其次味道不同。茴香豆用小茴香煮过，自有其特色，但同天津芽乌豆相比，投入香料、调料品种多有不及，当然味道的浓香淡寡存有差距。另外口感不同，茴香豆略硬，五香芽乌豆绵软。

当年每天以茴香豆绍兴老酒为乐，"多乎哉，不多也"的孔乙己先生，假如吃的是既开"嘴"又含"芽"的天津五香芽乌豆，也许早就中举了。

穆巴捂豆我之爱

陈克 博物馆研究员

50年代我还上小学，家里每天只给我几分零花钱，可以选择买一样零食，当时两分钱就可以买一捧芽捂豆。芽捂豆就是刚发一点芽的蚕豆，放上作料煮熟，吃起来又香又软，是留在儿时记忆里的一道美味。那时我家住在西南楼工人新村，在我家前三排有一位穆大爷，是回族人，常年卖芽捂豆。他家里有许多大木桶，里面都是用水泡过的，正在发芽的蚕豆。原来每天煮熟的捂豆，几天前就开始加工了。穆大爷每天早晨出摊，到中午就基本卖光了。他特别照顾家门口的小孩，都要多给一些。因此每天早晨上学路上都要买上一纸兜。豆香扑鼻的捂豆，用手一捏，皮留下，豆进嘴了。

听大人讲，乾隆爷也吃过穆庄子（今天的天穆村）穆家的芽捂豆，还请店主进宫，专司煮芽捂豆，每日早膳食之，成为宫廷食品。想必，穆大爷煮制的芽捂豆的技术也源自大内吧。

参加工作以后我还经常买捂豆，当下酒菜。不过总觉得不如当年穆大爷的捂豆做得地道，不是芽没发出来太硬，就是煮过火了太面。后来去绍兴，特意去孔乙己酒家尝了一回鲁迅小说里的茴香豆，没有发芽的蚕豆，硬邦邦的，比起穆大爷的捂豆差远了。

后来听说天津食品有限公司经理乃穆氏传人，严格按照传统配方研制出新一代卫生方便的清真食品五香芽捂豆，还荣获了2001年天津市地方特色菜品比赛乡风味特色项目金奖。

再后来听说平津战役纪念馆后面的中嘉花园市场里有一姓穆的戴眼镜的中年人蹬着小三轮车卖芽捂豆，与别家不同，捂豆不是放在大水盆或大水桶里，一笊篱一笊篱往外捞，而是把捂豆放在一精致的小木桶里，上面还蒙着洁白干净的小棉被捂着，为保持捂豆干净新鲜。有顾客上门，掌柜的便掀起一小角棉被，用白净的搪瓷小碗抃出捂豆，放小铜盘秤上。很多人将"捂豆"称"乌豆"是取其色，有的蚕豆确是色乌，而我称乌豆为"捂豆"，是我亲见穆大爷的捂豆放在木桶里用白布"捂"着，是取其形。其实，天津人称"捂豆"与"乌豆"是不分的，不止我称乌豆为"捂豆"。

听平津战役纪念馆的同事们绘声绘色地介绍中嘉花园的芽捂豆，我似乎又看到了穆大爷的身影。我还借去平津战役纪念馆的时候，去了一趟中嘉花园市场，但没有找到。有人说，那戴眼镜的中年人每逢冬天才出摊儿，大热天不卖。

金华勤超市
南开区华苑路安华里底商
利民道农贸市场
河西区利民道与白云路交口

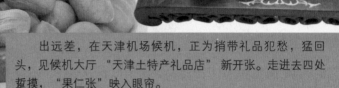

果仁张 崩豆张

026

出远差，在天津机场候机，正为捎带礼品犯愁，猛回头，见候机大厅"天津土特产礼品店"新开张。走进去四处踅摸，"果仁张"映入眼帘。

天津名小吃果仁张，是当年的宫廷御品，也是中华名小吃。创始人张明纯乃正宗镶黄旗满人，祖上随清军入关，为宫内御厨。张明纯从父学艺，入宫为厨后，好钻研创新，在果仁身上下了大工夫。几经摸索，创制出带斑纹的虎皮花生仁、晶莹柔润的翡翠薄荷榛子仁、鸡心状的奶香杏仁、琥珀桃仁、净香花生仁、奶香花生仁、椒盐花生仁、乳香花生仁。自然显色，甜而不腻，香而不俗，色泽悦目，酥脆可口，回味无穷，久储不绵。皇上享用各色果仁，胃口大开，龙心大悦，遂赐"蜜贡张"封号。

第二代传人张维顺承父业，顶着"蜜贡张"封号，仍为御厨，得到最难伺候、口味最刁的慈禧老佛爷的赞赏，称张维顺的各色果仁为美味小吃。

第三代传人张惠山赶上辛亥革命，宫里主子如鸟兽散，便离开宫廷流落天津，在山西路开门脸"真素斋"，主营各色果仁。盛放果仁的瓷盘乃宫廷之物，美食配美器，为真素斋平添了几分神秘感。独特的口味品质，吸引人们竞相购买。除自品自食外，还馈送亲友，一时名声大噪。久而久之，"果仁张"名号取代了真素斋，誉满津城。

"文革"中果仁张也成了封资修，人们只顾闹革命，哪

果仁张的主要品种有带斑纹的虎皮花生仁、晶莹柔润的翡翠薄荷榛子仁、鸡心状的奶香杏仁、琥珀桃仁、净香花生仁、奶香花生仁、椒盐花生仁、乳香花生仁。自然显色，甜而不腻，香而不俗，色泽悦目，酥脆可口，回味无穷，久储不绵。

崩豆张的主要品种有煳皮五香蹦豆、去皮甜蹦豆、去皮夹心蹦豆、豌豆黄、三豆凉糕、冰糖奶油豆、冰糖怪味豆、儿童珍珠豆、去皮麻辣蹦豆，16大类26个品种，分上中下三个档次。

有闲心和胆量品味美食。"文革"之后，人们又想起了果仁张。果仁张第四代传人张翼峰承继父业，将花生仁、核桃仁、杏仁、榛子仁、瓜子仁、腰果仁、松子仁演绎出多个品种。历经20年打磨，先后又研制出国内外首创的挂霜系列花生仁等五十余种，应有尽有，琳琅满目。

卫嘴子好口福，只吃百色果仁，意犹未尽，还得吃什锦崩豆。

清朝嘉庆末年，御膳房厨师张德才悉心研究，精心实践，制成多种豆类风味干货，如煳皮正香崩豆豌豆黄、三豆凉糕及果仁、瓜子等。同时，在佳节喜庆宴会时，他还为宫廷制作了九龙贡寿、麻姑献寿、龙凤呈祥等特种贡品。尤其是煳皮正香崩豆，制作工艺尤为繁复，在铁蚕豆的基础上，用外五香料（桂皮、大料、茴香、葱、盐）和内五香料（甘草、贝母、白芷、当归、五味子）以及鸡、鸭、羊肉和夜明砂乌等精心炮制，创新出"黑皮崩豆儿"。其外形黑黄油亮，犹如虎皮，膨鼓有裂纹，但不进砂、不牙碜，嚼在嘴里脆而不硬，五香味浓郁，久嚼成浆，清香满口，余味绵长。这种全新的"黑皮崩豆儿"，皇上赐名"煳皮正香崩豆"，风靡宫廷内外。

清咸丰年间，第二代传人张永泰兄弟举家迁往天津，先后在老城里丁公祠和小药王庙开设"永泰成""永德成"两家字号，秉承祖业，制作经营豆类小食品。20世纪30年代，第三代传人张相，在南市大罗天开设"老得发""老得成""老来财""老来福""老张记"等字号，前店后厂，自产自销。第四代传人张国华，14岁随父学艺，掌握祖传绝技，在滨江道、教堂后"崩豆张老张记"店中协助父亲操作经营。新中国成立前夕，张国华全面接管"崩豆张"各商号，自撑门面。"文革"后，张家第五代传人张福全、张祯全等五兄弟继续经营。

几辈儿下来，各种崩豆花样翻新，有煳皮五香崩豆、去皮甜崩豆、去皮夹心崩豆、豌豆黄、三豆凉糕、冰糖奶油豆、冰糖怪味豆、儿童珍珠豆、去皮麻辣崩豆等16大类26个品种，分上中下三个档次。崩豆成了人们茶余饭后消食克滞的休闲小食品之一。张家字号遍布津门。但是，这个"成"那个"发"的字号，人们记不住。天津人追求语言简洁，只记住"崩豆是老张家的好"，于是，"崩豆张"便声震津门了。

1985年，袁世凯之女在《世界大观》杂志撰写《我的父亲袁世凯》，文中提道："袁世凯倒台后，时常命家人上街买煳皮正香崩豆吃。"可见，"崩豆张"名不虚传。

"崩豆张"与"果仁张"，联袂从宫廷走向市井，一家专营豆类干货，一家专制果仁类干货，都在天津卫干出了名堂，荫及子孙，惠及食客，成为天津干货小吃的两张王牌。天津人立意高远，不偏不倚，不但捧红了"果仁张"，也捧红了"崩豆张"。

毛驴驮来崩豆香

高伟 杂志主编

闲暇时，喜欢和家人逛食品街，路过崩豆张的店铺，总不免被那些花花绿绿的彩色包装袋所吸引。遂踱入店内，买几袋风味各异的崩豆带回家。脑海中，却总也抹不掉儿时买崩豆的情形，于是，晚饭后又将和孩子们絮叨一番……

崩豆，是将蚕豆经过腌制、调味后炒熟的一种小吃，是极普通的一种大众食品，因其炒后酥脆，咬时嘎嘣作响，故以崩豆呼之。儿时，我家住在胡同深处，每日穿行胡同里的小贩甚多，卖崩豆的小贩就是一位赶毛驴儿的老者。

每当胡同口儿响起"丁零丁零"的铜铃声时，各院里的孩子们就不约而同地跑出家门，向胡同口张望。一头灰白色的小毛驴儿和它的主人颠儿颠儿地走进胡同，只见毛驴的笼头上插着两面五色小旗，额头上挂了一排黄色的流苏，脖子两边挂了许多五彩斑斓的绸子，笼头下边还挂着一只锃亮的大铜铃，随着毛驴的晃动而发出悦耳的铃声。驴背上有一个漂亮的木头鞍子，鞍子上向前探出两根弹簧，弹簧的端头各缀着一只鲜红的大绒球，上下抖动着十分耀眼。驴鞍上横搭了一条白粗布的褡裢，褡裢的两边又缝着六七个小口袋，袋口还写着毛笔字。毛驴儿的主人是个没长胡子的老头，手拿一根五彩丝线编成的马鞭儿，胳膊上挎着一只盖着毛巾的元宝篮子，跟在毛驴的后边并不时地尖声吆喝："酥崩豆哇……甜崩豆哇……"孩子们都不明白这个老头吆喝的声音为什么这么难听，只是长大一点后听大人们说，那个老头小时候净过身，在宫里当过几天太监，偏赶上皇上逊位，只好出宫卖起了崩豆。

孩子们虽不知"太监"为何物，但对那头披红挂绿的小毛驴儿却情有独钟，谁都想挤进人群拍拍它、摸摸它。大人们都很放心，因为那头毛驴儿是个好脾气，从来没尥过蹶子。

老头的酥崩豆有许多品种，各有各味，有甜的、咸的、水果味的，有入口即酥的酥崩豆，也有磨牙解闷儿"铁"崩豆，驴肚子两侧的十几个小口袋便是佐证。他卖酥崩豆是不论斤称的，不管买多少一律数个儿，而且要几个品种都可。当老头用他那特有的声调高声数着崩豆时，只要人群中有叫好的，他必定给买主多数上几颗。有时老头也会从小布袋里掏出几颗崩豆塞到前面站着的几个孩子的嘴里，孩子们先是瞪大了眼睛，当舌头品出了崩豆的味道时，则马上钻出人群跑回家中向大人要钱。

四周的孩子们都围着小毛驴，只有毛驴儿打响鼻时才吓得退后一步。当然，也会有一种幸运降临到某个孩子头上，那是老头从篮子里拿出一只木碗问道："谁去给我倒点凉水来？"顿时几只小手争先恐后地伸向那只木碗，抢到木碗的孩子便飞快地向家中跑去。当他小心翼翼地端着木碗挤进人群时，老头早已从口袋中抓出一小把崩豆等着他呢。我第一次品尝老头的酥崩豆，正是由于这种幸运……

现在人们的生活已然发生了翻天覆地的变化，就连走街串巷叫卖的酥崩豆也登堂入室成为风味特产，并坐上飞机远销国外。看着孩子们品尝着五颜六色的"崩豆张"，总觉得缺点什么，直到孩子们走后，才猛然醒悟：啊，缺少了童趣，胡同里孩子们的童趣！

| 美味踪 | 果仁张 | 和平区南市食品街4区2层87号 |
| | 崩豆张 | 南开区鼓楼东街69号 |

糖炒栗子

027

栗羊羹

天津糖炒栗子首选油栗。把淘洗干净的砂子和油栗一起翻炒。为使炒出的栗子表皮光亮，又甜又面好脱皮，在翻炒中间加入大勺饴糖。饴糖热砂的甜香伴着焦香弥漫于街头巷尾。

天津栗子驰名海内外。如今，漫步日本、澳大利亚及东南亚国家各大城市的唐人街，"天津甘栗"的招牌幌子随处可见。"栗子"和"天津"在世界各地联袂亮相。

位于燕山山脉的河北兴隆、遵化、迁西一带，是北方甘栗的主产区，历史悠久。西汉司马迁在《史记》中就有"燕秦千树栗"，"其人皆与千户侯"等记载。西晋陆机为《诗经》进行疏证时也说："栗，五方皆有，唯渔阳范阳（今河北涿州一带，笔者注）生者甜美味长，他方不及也。"河北省的栗子果形秀美，风味独特，有"东方之珠"的美誉。

为什么河北省特产栗子却以"天津"冠名呢？清朝中叶以来，天津逐渐成为中国北方经济中心和重要的交通枢纽，大量的栗子是通过天津这个大码头而走向世界的，因而博得"天津甘栗"的美名而跻身名牌特产之列。天津栗子一直是出口创汇的名品特产，甚至是有些国家特别指定的进口食品。

天津之于栗子，除了是其出口地之外，在采运、加工、炒制、包装、推介等关键环节居功至伟，尤其是糖炒栗子，使其升华到极致。成书于清朝初叶的周筼著《析津日记》云："苏秦谓燕民虽不耕作而足以枣栗，唐时范阳为土贡，今燕京市肆及秋则以炀拌杂石子爆之，栗比南中差小，而味颇甘，以御栗名。"这里所说的"以炀拌杂石子爆之"便是糖炒栗子的雏形。

栗子分油栗和板栗两种。油栗稍小，是天津糖炒栗子首

选。秋冬之际，天津街旁巷口，常可见到现炒现卖栗子的临时作坊：行灶上斜放大锅，侧面翘起一节短烟囱，小伙计挥动着平板铁铲，把淘洗干净的砂子和油栗一起翻炒。为使炒出的栗子表皮光亮，又甜又面好脱皮，在翻炒中间加入大勺饴糖。饴糖热砂的甜香伴着焦香弥漫于街头巷尾，路人闻香识"栗"，纷纷围拢过来，捎上一斤归家。

糖炒栗子应趁热吃，剥开皮壳，热气弥漫，沁人心脾。三五知己相聚，一兜栗子一壶茶，自是促膝畅谈时必不可少的小吃。

栗子是碳水化合物含量较高的干果品种，有"铁杆庄稼""木本粮食"之称。能供给人体较多的热能，促进脂肪代谢，具有益气健脾，厚补胃肠的作用。栗子中含丰富的不饱和脂肪酸、多种维生素和矿物质，可有效预防和治疗高血压、冠心病、动脉硬化等心血管疾病，有益于人体健康。另外，栗子还可预防和治疗骨质疏松、腰腿酸软、筋骨疼痛乏力等，能延缓人体衰老，是理想的保健果品。

栗子与其食材相配，可以烹制出许多养生菜肴和保健食品。栗羊羹，便是其中之一。

从前的栗羊羹，既有羊，也的确是羹。唐朝时，栗羊羹最初是加入羊肉煮成的一种羹汤。从中国传到日本后，因僧侣不吃肉食，便以红豆、葛粉和面粉做成羊肝形状，在茶道流行时成了著名的茶点。丰臣秀吉时代，豆沙羊羹最为盛行。日本羊羹以红豆为材料，其后发展为栗子、番薯等不同品种，周作人在《羊肝饼》文中写道："有一件东西，是本国出产的，被运往外国经过四五百年之久，又运了回来，却换了别一个面貌了。这在一切东西都是如此，但在吃食有偏好关系的物事，尤其显著，如有名茶点的'羊羹'，便是最好的一例。""这并不是羊肉什么做的羹，乃是一种净素的食品，系用小豆做成细馅，加糖精制而成，凝结成块，切作长物，所以实事求是，理应叫做'豆沙糖'才是正办。""这种豆沙糖在中国本来叫做羊肝饼，因为饼的颜色相像，传到日本不知因何传讹，称为羊羹了。"

现在的栗羊羹，是一道天津特色小吃。确如周先生所言，理应叫做"豆沙糖"才是。栗羊羹主要成分为白砂糖、红小豆、栗子粉、饴糖、琼脂等，真材实料，老少皆宜。

金风玉露糖栗香

李金海 警官

梁实秋《雅舍谈吃》写道："每年秋节过后，大街上几乎每一家干果子铺门外都支起一个大铁锅，翘起短短的一截烟囱，一个小力巴挥动大铁铲，翻炒栗子。不是干炒，是用沙炒，加上糖使沙结成大大小小的粒，所以叫做糖炒栗子。烟煤的黑烟扩散，哗啦哗啦的翻炒声，间或有栗子的爆炸声，织成一片好热闹的晚秋初冬的景致。"

外地人说"天津卫三宗宝"：嫩鸭梨、小笼包、良乡栗子用糖炒，其实是一种误解。鸭梨出自河北泊镇，小笼包与天津包子相去甚远，良乡栗子也不是用糖炒，而是沙子加入饴糖（糖稀）炒制。

秋风秋雨，层林尽染。做糖炒栗子生意的人要进山趸货，采足一冬之需。蓟县是天津的后花园，也是糖炒栗子的主要供货基地。漫山遍野的栗子树，却满足不了天津的需求。再往北，遵化、迁西的栗子与蓟县的品种相同，便成了天津糖炒栗子的第二货源基

美味踪

小宝栗子
和平区西安道18号
河西区大沽南路364号
顺起栗子
河东区华昌道华昌大街华馨公寓1号

地。栗子需求量大，进山收货时间长，是很辛苦的。

天津人爱吃糖炒栗子，会吃糖炒栗子，个个是品鉴糖炒栗子的行家。在天津做糖炒栗子生意着实不易。栗子皮要薄，要脆，手指轻触即开；栗子肉要甜，要面，入口轻磨即化。

风靡天津城的糖炒栗子是由大起这样一群勤勉实干、恪守本分的生意人创造出来的。老同学大起的生意红火，"顺起栗子"的店铺遍布津城，分店还开到了杭州。看着糖炒栗子锅前排着的长长队伍，闻着弥漫在大街上的糖炒栗子香，大起便心花怒放了。

令人遗憾的是，年富力强的大起却命薄福浅，在买卖做得风生水起时，他却撒手人寰了。每当秋风乍起，满街飘荡着糖炒栗子的香味时，就不由自主地想起故人来。

炒红果 炒海棠果

028

炒红果、炒海棠果是天津菜馆中一道风味独特、点击率极高的时令甜品。当令时节，菜市场里也有出售。

红果，又叫山楂、山里红，有重要的药用价值，自古以来，就是健脾开胃、消食化淤、活血化痰的良药。对油腻饱胀之症，能起到调节平衡、去腻顺滞的作用。

红果有铁果和面果之分。面果软，易破裂，是生食和家庭制作红果酪的佳品；铁果略艮，便于炒制，是炒红果的首选。

制作炒红果，要选择鲜果，洗净去核，用开水焯一下。将冰糖加水熬至黏稠时放入红果，慢火煨透即可。成果完整，口感筋道，酸甜适口；外形晶莹剔透，粒粒珠玑，红润似玛瑙，诱人食欲。方法简便易行，家家皆可制作。

海棠属于蔷薇科植物，果实可酿酒、做蜜饯。海棠果性平味甘，微酸，入脾胃二经，有生津止渴、健脾止泻的功效，主治消化不良、食积腹胀等病症。

炒海棠果外形整齐微胀，晶莹透亮；果肉渗入糖汁后，略有咬劲，酸甜略脆。做法是：先用水果刀顺海棠果底部凹处将核剜除干净，入沸水微烫略焖，削皮去核，沥净水分。锅置旺火上，水开后，下冰糖，改小火将冰糖充分融化，将海棠果放入慢熬，至糖汁黏稠、海棠果水分溢出、糖汁渗入果内即成。

红果有铁果和面果之分。面果软，易破裂，是生食和家庭制作红果酪的佳品；铁果略艮，便于炒制，是炒红果的首选。制作炒红果，要选择鲜果，洗净去核，用开水焯一下。将冰糖加水熬至黏稠时放入红果，慢火煨透即可。成果完整，口感筋道，酸甜适口。

　　炒海棠果是天津传统筵席大宴"四蜜碟"之一，属凉菜甜品。海棠果微脆，清洗整理和熬制火候都不易掌握，其制作难度比炒红果复杂得多。先用水果刀顺海棠果底部凹处将核剜除干净，入沸水微烫略焖，削皮去核，沥净水分。锅置旺火上，水开后，下冰糖，改小火将冰糖充分融化，将海棠果放入慢熬，至糖汁黏稠、海棠果水分溢出、糖汁渗入果内即成。成果外形整齐微胀，晶莹透亮，果肉渗入糖汁后，略有咬劲，酸甜略脆。

　　炒红果与炒海棠果虽为炒，而实为焯。焯要掌握火候。过火，则烂成粥状；欠火，则不熟不透。成品外形整齐不破不烂，颜色鲜亮红，口感酸甜，不能有煳味儿。以本色、本味、天然为贵。加糖精、香精、食色、防腐剂等添加剂者，皆为败笔。

宫廷蜜饯炒海棠

杨德忠　企业家

杨德忠是制作蜜饯的高手。他制作的炒海棠果颗粒饱满，色泽自然，晶莹玉润，好似玛瑙；口感酸甜，沙而不糯，堪称一绝。

杨德忠这个手艺源于家传。"文革"那些年，杨父所在单位来了一位李姓工人，此人原是天津著名饭庄天一坊的大师傅。那年头，吃吃喝喝被批判为"资产阶级生活方式"，人们一心一意干革命也无暇顾及吃喝。于是，大饭庄没了顾客，名厨师无用武之地，政府为他们重新分配工作，李师傅只能改行成了产业工人。杨父与李师傅投缘，闲暇时聊起勤行轶事，一个爱讲，一个爱听；说着不过瘾，李师傅就露两手，一个爱教，一个爱学。李师傅将炒红果、炒海棠果的手艺倾囊相授，并郑重嘱咐：炒海棠果手艺是我师父跟宫里御厨学的，是天津小满汉全席中"四蜜碟"之一，是凉菜甜品的上品，可别轻易露给别人。杨父谨记在心，临终前将这绝活传给杨德忠。

改革开放后，在工人下岗的情势下，杨德忠亮出独门绝活，组织亲戚朋友专制炒海棠果。"炒红果技

术含量低，人人会做，在饭馆、菜市场到处有售。"杨德忠说，"现在，勤行流行一句新词，叫'裸烹'，就是烹制菜品不加任何添加剂。我爸传我手艺时一再嘱咐，做入口东西，一定要对得起良心，绝对不许放乱七八糟的东西。我做炒海棠果，绝对不放添加剂，色素、糖精、防腐剂一律没有，真材实料纯天然。选纯正蔗糖，蜂蜜、桂花一样也不能少。"

秋天是海棠果收获季节，杨德忠每年都到河北省山区进货。海棠果摘早了颜色浅，摘晚了颜色太深。当地人手选摘取色泽鲜亮、个匀饱满、无虫食无皮伤的果子，行话叫"手捡果儿"。虽是手捡，但不能经手时间过长，否则易烂。这样的手捡果儿比一筐收的果子价格高出许多，但保证了质量。运输储藏也是关键，果子放长了易糠。糠海棠果不能用，否则影响品相，口感极差。进山收货就像打仗。东北人喜欢吃海棠果，但本地不出产，每逢秋季，东北客商到河北来大量收购。经过冰冻的海棠果酸甜适口，但果质粗糙，上不了台面。

今年，杨德忠的炒海棠果接了76000斤订货，绝大部分是高级饭店的老主顾。

梁子炒红果
南开区王顶堤园荫道五合超市对面
丰盈炒红果
南开区华苑雅士道丰盈市场1号摊
老六素货店
南开区王顶堤苑东路六号楼底商

美味踪

糖堆儿 029 糖粘子

糖堆儿和糖粘子，都用红果与糖制成，但制法与成品外形却大不相同。

天津人过年有给孩子买糖堆儿的习惯，祝福孩子"用糖堆着长大"，即幸福成长之意。天津春节老话"五更吃个山里红，到老一家不受穷"，所指就是除夕夜要吃糖堆儿；过年给姑奶奶送礼，其中，糖堆儿必不可少。

天津糖堆儿与其他地方有所不同。北京糖堆儿叫"冰糖葫芦"，一般没有糖扉边，即"糖扉子"，也叫"糖风"，指糖葫芦尖上薄薄的一片糖。东北糖堆则以"壮实"著称，一支可串二十多个红果。天津糖堆儿讲究模样和口感，手艺"潮"的熬制出的糖稀不过关，蘸出糖堆儿疲软粘牙。而手艺精湛的，蘸的糖堆儿果满鲜亮，甩出的糖风纯净透明，糖脆不粘牙，拿着不粘手，掉地不沾土，放羊皮袄上不沾毛，吃起来不煳不焦，香甜可口。

红果，又名"山楂"，俗称"山里红"，有一定的药用价值。相传，宋光宗最宠爱的黄贵妃生病，面黄肌瘦，茶饭不思。御医用尽名贵药，但效果甚微。只得张榜求医。一位江湖郎中揭榜进宫，为黄贵妃诊脉后说："只用冰糖与山楂

天津糖堆儿挂糖扉子，即糖葫芦尖上顶着薄薄的一片糖。夹馅（什锦）糖堆儿在红果切口处填上馅料，再嵌入核桃仁、瓜条、京糕，摆成蝴蝶形、花形灯，有的加一个金橘饼，以丰富口感。另外，熏枣糖堆儿、海棠果糖堆儿、琥珀核桃仁糖堆儿、山药糖堆儿等也颇受欢迎。

糖粘子也称"红果粘子"。红果洗净，剔除果核，放入面袋里搓搓，使果皮变糙，便于抓糖。白砂糖熬化后降温，使糖汁返砂变白。在糖汁返砂过程中投入红果与花生碎、桃仁碎、瓜条碎等，用铲子从两边把糖从底下往上快速翻动。糖将红果裹严，凝固后犹如结了白汪汪的一层霜。

煎熬，每顿饭前吃五至十枚，不出半月即可病愈。"开始大家将信将疑，好在这种吃法还合贵妃口味。黄贵妃按此办法服用后，果然一天好于一天。这种做法传到民间，山楂单个蘸上糖汁而已，名曰"蜜弹弹"，后来老百姓把红果串起蘸上糖稀卖，就成了今天的糖堆儿。红果可消食积，助消化，散淤血，驱绦虫，止痢疾，降血脂，降低血清胆固醇。杰出的医药学家李时珍曾说："煮老鸡肉硬，入山楂数颗即易烂，则其消向积之功，盖可推矣。"

天津人讲究吃，懂得养生保健。冬季吃荤腻食物多，加上活动量小，容易积食，肠胃淤塞。其时红果大量上市，吃法繁多，但人们对大糖堆儿情有独钟，是馈赠亲友的贴心礼物。

现在的天津大糖堆儿，花样翻新且形成系列，夹馅（什锦）糖堆儿特色独具。优质红豆加红糖糗成豆馅，加入玫瑰酱、桂花酱。在红果切口填上馅后，在豆馅上嵌入核桃仁、瓜条、京糕，摆成蝴蝶形、花形灯，有的加一个金橘饼，以丰富口感。另外，熏枣糖堆儿、海棠果糖堆儿、琥珀核桃仁糖堆儿、山药糖堆儿等也颇受欢迎。

糖堆儿虽好吃，但遇热易化难储存。于是，与糖堆儿有异曲同工之妙、易于储存的糖粘子，就应运而生了。

天津特色小吃糖粘子也称"红果粘子"，其做法是：红果洗净，用特制刀具剜除果核，放入面袋里搓搓，使果皮变糙，便于抓糖。白砂糖熬化后降温，使糖汁返砂变白。在糖汁返砂过程中投入红果与花生碎、桃仁碎、瓜条碎等，用铲子从两边把糖从底下往上快速翻动。糖将红果裹严，凝固后犹如结了白汪汪的一层霜。制成的红果粘子堆集成大块，在出售时再敲碎零卖。糖粘子放在透明容器里，红白相间，既美观又美味，是馈赠礼品的上好选择。

用此法还可制成海棠粘子。红果粘子与海棠粘子均列入满汉全席的"四糖饯"之列。

糖堆儿：传辈的祝福

张淑英　保险业高管

我从小对糖堆儿情有独钟。我出生在北京，北京人把糖堆儿叫"冰糖葫芦"，这名字听着就馋人。可那时家里姊妹多，生活拮据，平时爸妈很少舍得给我们买。偶尔买一两次，我总是舍不得吃，先小心翼翼地舔舔上边的糖，再慢嚼细品。妹妹总是三两口把自己那份吞掉后，再猛地把我舍不得吃完的糖葫芦夺走，这让我好一阵委屈！

我后来到天津，跟奶奶一起生活。奶奶视我为掌上明珠，知道我喜欢吃糖堆儿，就常常给我买。令我难忘的是：奶奶在忙碌之余，带我去中山公园玩，玩累了，就到公园小亭子里歇息。奶奶给我买上一支红果糖堆儿，我一边津津有味地吃，一边听奶奶讲故事。奶奶是大家闺秀，读书多，会讲很多好听的故事，让我懂得了很多知识和道理。浓浓的祖孙情浸透在心田，使童年的记忆溢满温馨和快乐。

九河下梢天津卫，地域文化浓郁，民俗老例儿多，饮食文化源远流长。糖堆儿这种来自民间的风味小吃，一直受到人们偏爱，自有其独特魅力所在！天

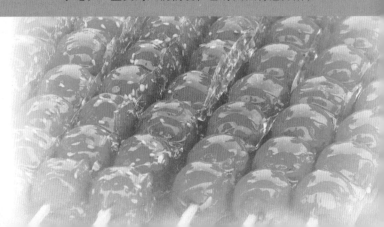

津春节老话："五更吃个山里红，到老一家不受穷！"那时，一年到头只有到了春节才能吃上很多好吃的，为解油去腻，开胃消食，到了大年三十，红果糖堆儿好吃管够。

每到我的生日，奶奶必让我吃上一支糖堆儿，取"用糖堆着长大"之意，年年如此。一支小小的糖堆儿却蕴含着老人家的祝福与期望。我和奶奶相依为命，奶奶去世使我哀痛难禁！每到自己的生日，我为自己买上一支糖堆儿，借以重温并缅怀奶奶的慈爱。

后来，我做了妈妈，延续着让女儿生日吃糖堆儿的习俗，同样是期望祝福女儿"用糖堆着长大"。女儿特别爱吃夹馅红果糖堆儿，即把红果去核切口，嵌入豆馅或果酱，加上桃仁、瓜仁、芝麻等，香甜可口，色味俱佳。

"横看成岭侧成峰，远近高低各不同"。其实，生活滋味如何，重要的在于感觉。生命的精彩，在于平和中的踏实和美好。一支小小的糖堆儿，却伴随生命的轨迹，赋予生活的甘甜，牵动美好的记忆……

030 大梨糕 熟梨糕

大梨糕与熟梨糕是两种风马牛不相及的食品，但因都沾了"梨糕"二字，常令人混淆。梨糕与梨除了都有点甜之外，食材、外形、味道均与梨毫无关系。那为什么还叫梨糕呢？这与天津方言有关。

"梨"与"哩"读音近似，所谓"熟哩"就是"熟了"的意思。早年小贩沿街叫卖吆喝的是"熟哩儿——糕！"就是糕熟了的意思。究竟卖的什么糕？对不起，没名。但你卖的糕总得有个名吧。于是，人们就将"熟哩儿"与"熟梨"混到一起。经年累月，口耳相传，"梨"取代了"哩儿"。大梨糕的"梨"，大概也是这么来的。

熟梨糕是天津独具特色的一种民间小吃，深受孩子们的欢迎。熟梨糕，别名"碗儿糕"。因制作熟梨糕的蒸汽锅发出"嗡儿嗡儿"的汽笛高音，孩子们称为"嗡儿嗡儿"糕。熟梨糕正经学名叫"甑儿糕"。甑（音zèng），古代炊具，底部多孔，蒸汽透过小孔将食物蒸熟。在新石器时代晚期，陶质甑就已出现，到商周时期又出现了青铜甑。制作熟梨糕的器具，是形似小木碗的木甑。

熟梨糕用大米磨成粉渣为主料。将米面置于木甑中，放在特制蒸锅上蒸一分钟，然后在白糕上涂抹各种酱料。出售时，将制好的熟梨糕放在纸上，有的用一张薄脆饼托

熟梨糕用大米磨成粉渣为主料。将米面置于木甑中，放在特制蒸锅上蒸一分钟，然后在白糕上涂抹各种酱料。出售时，将制好的熟梨糕放在纸上，有的用一张薄脆饼托着熟梨糕，薄饼香脆可食。最初，熟梨糕只有豆馅、白糖、红果三种酱料，后逐渐发展为橘子、苹果、菠萝、草莓、巧克力、黑芝麻、香芋等多种酱料的系列美食。

大梨糕是一种膨化糖制食品。其制作过程中：将砂糖加水在锅里溶化，糖水中加入干酵母粉，黏稠的糖水在酵母的作用下蓬松发酵，经过微火熬制蓬起成形，冷却之后，就成了和发糕一样的、中间带小蜂眼的大梨糕。

着熟梨糕，薄饼香脆可食。最初，熟梨糕只有豆馅、白糖、红果三种酱料，后逐渐发展为橘子、苹果、菠萝、草莓、巧克力、黑芝麻、香芋等多种酱料的系列美食。

大梨糕是一种膨化糖制食品。其制作过程如下：将砂糖加水在锅里溶化，糖水中加入干酵母粉，黏稠的糖水在酵母的作用下蓬松发酵，经过微火熬制蓬起成形，冷却之后，就成了和发糕一样的、中间带小蜂眼的大梨糕。

大梨糕从用料到外形、风味都与熟梨糕迥异。大梨糕呈焦黄色，分量轻，体积大，大者直径可达半米，截面有细密的蜂窝，极像硬海绵。口感酥脆，甜中带苦，焦煳味稍重，口味独特。售卖时用小锯条切割成角，用蜡纸包了卖。大梨糕沾湿遇热就变成深褐色，并开始融化。大梨糕不可多吃，吃多了伤嗓子，但大梨糕对抑制胃酸、胃咧心很有疗效。

天津人习惯将爱吹牛的人称为"吹大梨"。而大梨糕是糖稀经过发酵膨胀制成，就像吹起来的一样，人们望形取意，将大梨糕与"吹大梨"联系，就以大梨糕冠名了。其实，大梨糕得名与熟梨糕一样，最初小贩叫卖高喊"大哩——糕！"就是"好大个哩的——糕呦！"当时没有营业执照和商品品牌，只是口耳相传，于是以讹传讹，"大哩——糕"就成了"大梨糕"。

街面上，不知从何时始，流传着"大梨糕吃了不摔跤"的说辞，便成了小贩推销兜售的广告语。有病不吃药，照样会摔跤。

戴记糖坊
红桥区清真南大寺前广场
熟梨膏
南开区鼓楼东街市场
和平区西宁道西开教堂旁
美味踪

童趣乡情熟梨糕

赵畅 留澳学生

澳大利亚黄金海岸，夕阳映红了天边云彩，染红了大海波纹，也为我们这群来自中国各地的留学生披上晚霞。我们陶醉在美景中，忘情于造物主的恩赐，以至忘了时光流逝，忘了饥寒。当夕阳缓缓沉入大海，夜幕渐渐笼罩大地，我们方从如痴如梦中醒来，这才感到饥肠辘辘。不知谁先提起了家乡的美食：重庆同学说起麻辣火锅眉飞色舞，南京同学说起美点小吃如数家珍，云南过桥米线、北京涮羊肉、武汉热干面、内蒙古烤羊腿，一一幻化于眼前，虽不过是望梅止渴，却也聊可画饼充饥。

大家问我，天津除了狗不理包子，还有什么？我嘴里说着煎饼馃子、锅巴菜，耳畔却响起熟梨糕"嗡儿嗡儿"的笛声。我告诉大家，天津有一种可能是全国独有的美食叫"熟梨糕"，色香味俱佳，是天津孩子们的最爱。小时候只知道熟梨糕又好看又好吃，每当胡同口响起制作熟梨糕的"嗡儿嗡儿"声，就赶忙放下手中的玩具，找家长要钱，第一时间奔将过去，唯恐让别的小朋友买净吃绝。及长，方才知道熟梨糕别名"碗儿糕"，是将米渣放在特制的容器中，再由特制的高压锅蒸熟。高压锅的汽笛发出"嗡儿嗡儿"

声，小朋友便将熟梨糕叫"嗡儿嗡儿糕"。做成的熟梨糕白白的，小茶盅大小，托在薄脆饼上，再抹上各种口味的酱料，米香赛栗香，美味无比。

上初二时，我与同好王嵩相约，期末考出好成绩，一定要将大梨糕吃个够。结果，我与王嵩并列"三好"，于是，我卖了部分球星卡，凑了20块钱，王嵩也拿了20元，放学之后，便直奔熟梨糕小摊儿。卖熟梨糕的大叔笑得合不拢嘴，说：我带来的材料只够做50块钱的，刚卖出去几份，你们俩全包圆儿（天津话"买断"的意思了）。大叔随我们找了个背风的地方，支锅开做。随着大叔熟练地在木质小碗（甑）里填满了米渣，我们的目光已经迫不及待地凝视在了各种酱料上。山楂酱、酸梅酱（酸梅膏酱）、巧克力酱、草莓酱、苹果酱、菠萝酱、白糖（甜咸口味）。只见大叔将做好的熟梨糕放在薄脆的饼托上，我们自己动手，一边抹着酱料，一边催着大叔。 我们两个馋鬼手不停嘴不停一通海吃。昨天，王嵩从日本来电话，回忆起那次吃熟梨糕的疯狂，在他看来，熟梨糕足可以和寿司一样被列为世界美食文化遗产了。

我对熟梨糕情有独钟，说得同学们纷纷流出口水。我许诺，回国后，我在天津恭候大家：熟梨糕，管够！

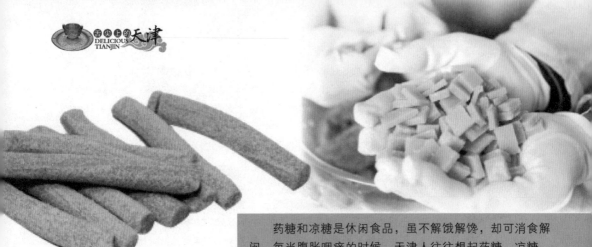

031

凉糖 药糖

药糖熬制过程中加入了多样中药材，薄荷清凉败火，木香开胃顺气，生姜消食化水。药糖品种多达四五十种，有的白如珠玉，有的绿似翡翠，有的紫若晶石，令人垂涎。特别是薄荷药糖，凉气十足，直沁心脾，掩盖了药的味道，大受欢迎。

药糖和凉糖是休闲食品，虽不解饿解馋，却可消食解闷。每当腹胀咽痒的时候，天津人往往想起药糖、凉糖。卖糖者多为游商，胸前挂大木盒子，走街串巷。其吆喝长声短调，字正腔圆，诙谐幽默："卖药糖的又来了"——如定场诗，自报家门。然后是："买的买，捎的捎，卖药糖的又来了。吃了嘛的味儿呀，有了嘛的味儿呀，橘子薄荷冒凉气儿，吐酸水儿呀，打饱嗝，吃了我的药糖都管事儿……"木盒用小板隔成若干空格，每格内放一种药糖。盒盖镶玻璃，一目了然，任君挑选。掀盖取药糖，用大镊子往外夹，用纸包成规矩的粽子形。

天津人本嗜咸，不喜欢甜品。自清康雍以降，茶膏糖盛行民间。据中药行前辈讲，茶膏糖是由茶膏演化而来。茶膏是药铺熬甘草后所剩的黑褐色的锅底儿，起出后成坨状，俗称茶膏。因甘草可补虚缓中，解毒清火，所以茶膏糖亦不乏保健作用。

经过几代人不断创新，在药糖熬制过程中加入了多样中药材，薄荷清凉败火，木香开胃顺气，生姜消食化水。药糖品种多达四五十种，有的白如珠玉，有的绿似翡翠，有的紫若晶石，令人垂涎。特别是薄荷药糖，凉气十足，

直沁心脾，掩盖了药的味道，大受欢迎，风行至今。

熬糖讲究火候，因药性不同，加药火候是关键。香气扑鼻的药糖熬好出勺，倒在干净的青石板上，晾凉后搓拉成条，切成小块售卖。有的干脆将药糖摊成大饼状，加之冰糖起砂，就成了砂板糖。

制作药糖的工艺并不复杂，经验决定药糖的品质优劣。大凡贩卖药糖的经营者，都会吆喝，以此招揽食客。评剧名家新凤霞的邻居"傻二哥"以卖药糖为生。新凤霞回忆："他上街卖药糖，要穿上一套专用的行头，白布中式上衣，黑色布裤。挽着袖口，留着偏分头，斜背着一个用皮带套好的、很讲究的大玻璃瓶。瓶口上有一个很亮的铜盖子，可以打开一半盖。围着瓶子，还装了些靠电池发亮的小灯泡。瓶里装满了五颜六色的药糖。瓶子旁边挂着一把电镀的长把钳子，是为了夹糖用的，不用手拿，表示卫生。傻二哥吆喝前先是伸伸腿，晃晃胳膊，咳嗽两声试试嗓子。两只脚一前一后，前腿弓，后腿蹬；一手叉腰，一手捂住耳朵，这才放声吆喝了。因为他有一副好嗓子，这时候，就像唱戏一样高低音配合，都是一套套的吆喝出来，招来很多人看他。"

药糖名人王宝山，嗓音洪亮，唱腔婉转上口："卖药糖哎，谁还买我的药糖哎，橘子还有香蕉、山药、仁丹。买的买，捎的捎，卖药糖的又来了。""买药糖哎，哪位吃来药糖来，香桃那个蜜桃，沙果葡萄，橘子还有蜜柑，痧药仁丹；买药糖嘞，哪位吃来药糖来，金橘那个青果，清痰去火，苹果还有香蕉，杏仁茶膏；吃嘛味有嘛味，樱桃菠萝烟台梨，酸梅那个红果，薄荷凉糖。"

"吃块糖消愁解闷儿，一块就有味儿；吃块药糖心里顺气儿，含着药糖你不困；吃块药糖精神爽，胜似去吃便宜坊；吃块药糖你快乐，比吃包子还解饿。"

"天津卫呀独一份儿，我的药糖另个味儿，我越说越来劲儿，家家有点儿为难事儿，要问有嘛事儿？老头管不了老婆子儿，一管就怄气儿，吐酸水儿，打饱嗝儿，吃了我的药糖真管事儿。"

光说不练嘴把式，光练不说傻把式，吆喝与药糖各擅胜场，相得益彰，可谓好把式。

梨膏药糖溢清香

李明　天津伊斯兰民俗学者

李明先生从祖辈就住在西马路南大寺附近。他是典型的穆斯林，热情、直爽、聪敏，退休后，热心社会公益，街坊四邻关系融洽。

南大寺门前的摊点很多，人来人往，摩肩接踵。在牛羊肉店、小吃店和日用品店之间，穿插着一个个临时摊位。一家卖茶叶的铁皮亭子侧面，贴满"茶膏糖"的宣传品。卖茶叶的大嫂从铁亭子里出来，与李明打招呼："今天怎么有时间出来转转？""朋友来采访。卖茶膏糖的二姐呢？""嗨，今天她不舒服，让我帮着代卖。有嘛事，跟我说就行。"

当问起茶膏糖的来历，大嫂打开了话匣子："他们老马家熬糖有一百多年了，从祖上就干这一行，专做茶膏糖。什么口干舌燥、胸闷肚胀、痰多气喘、咽炎咳嗽、咧心吐酸水、上火牙疼全治。就连晕车晕船、大便干燥吃了都管用。"茶膏糖主要成分：蜂蜜、绿茶、蔗糖、萝卜、砂仁、豆蔻、良姜、槟榔、荜拨等多种原料。做成小球形塑封在玻璃糖纸内，与传统的药糖有别，既卫生又便于携带。

在李明先生引导下，向北走四十多米，路边一张小桌，桌上覆盖着宣传布帐，上书"萝卜药糖"适应症：醒脑清神、清凉爽口、清热降压、晕车晕船、化痰止咳、喉痛咽炎、牙痛咧心、支气管炎、胃酸肚胀、口腔溃疡、疏肝克咳、胸闷憋气。桌面的白搪瓷盘上放着姜黄色砂板状药糖。小老板陈姐说："我父亲和我都是天津中药饮片厂的职工。做药糖是从祖辈传下来的手艺，我们姐六个都干这一行。萝卜药糖主要成分是桔梗、半夏、川贝、麦冬等十二味中药材。关键是要用白萝卜榨汁，冰糖熬制。红糖白糖膘嗓子，不能用。您别看写着清凉爽口，那是吃进嘴里的感觉。其实，萝卜药糖主热，含化效果最好，不要嚼。"李明从旁提醒道："她只周五上午出摊，平时不来。"

南大寺前广场入口处的大牌楼下，还有一家"戴记糖坊"，一溜儿十几米8个玻璃罩子的柜台列在街边。糖坊由戴姓哥俩经营，品种齐全：果仁酥糖、麻酱酥糖、砂板糖、豆根糖、什锦凉糖、酸沫糕糖，兼营京糕条、大梨糕、各色蜜饯等。戴家二掌柜说："热天是背月，秋季天气凉爽就卖得多，到春节时，达到销售高峰。平时，早7点多出摊，晚10点后收摊。老主顾很多，还有从四十多里外的宜兴埠地过来买的，真让人感动。"

李明说："穆斯林耍手艺的多，做小买卖最拿手。传统小吃多出自于回族兄弟之手。药糖、凉糖便是其中之一。要吃正宗的传统小吃，您还得到西北角来。"

炸蚂蚱 炸铁雀

032

蚂蚱，属于昆虫纲蝗科，俗称"蝗虫"。与铁雀（天津人将铁雀的"雀"字读为qiǎo）同为"飞天将军"。

天津自古为退海之地，河塘洼淀、盐碱荒地众多，荒草野苇繁茂，易于蚂蚱生长繁殖，因而蝗灾不断。蝗灾严重时，"蝗虫蔽天，食禾殆尽"。天津志书记载："明万历四十三年至天启元年，北方屡有蝗灾。当时天津人遇有蝗蝻，就行捕食，或相互赠送，也有做熟制干出卖者。"这可能是天津人兴起吃炸蚂蚱风俗的最早记录。明清两代发生蝗灾时，蝗虫漫天飞舞，似雨如雾，所过之处，遮天蔽日，而成片庄稼，顷刻狼狈。百姓挥开布口袋顺势罩去，每次可捕获数十只。清代名士周楚良《津门竹枝词》云："满子呼来蚂蚱香，醋烹油炸费葱姜。不须刘猛将军捕，食尽蝗虫保一方。"

中秋季节，蚂蚱吃了新熟粮谷，日益肥满，正是美食蚂蚱最受吃之时。过早，蚂蚱不肥没子；过晚，蚂蚱老了，皮厚不好吃。天津人每逢其时则大量捕捉，既可现吃现炸，大快朵颐；也可用开水煮焯后晾透，存储至冬季食用。

炸蚂蚱制法：将活蚂蚱翅膀揪去，去掉大腿；油锅烧至滚开，把蚂蚱炸到发黄褐色时捞出沥净油。预先备好瓦盆，放入酱油、醋、香油、葱丝、蒜片等佐料。把炸好的蚂蚱就热泡在瓦盆里，翻两下入味，捞出，控干。售卖时，在成品

炸蚂蚱制法：将活蚂蚱翅膀揪去，去掉大腿；油锅烧至滚开，把蚂蚱炸到发黄褐色时捞出沥净油。预先备好瓦盆，加入酱油、醋、香油、葱丝、蒜片等佐料。把炸好的蚂蚱就热泡在瓦盆里，翻两下入味，捞出，控干。售卖时，在成品表面撒上葱丝、蒜片。吃起来油而不腻，酥鲜香脆。

炸熘铁雀是满汉全席中的一道名菜。与高丽银鱼、酸炒紫蟹、麻栗野鸭等联袂成为天津冬令"细八大碗"中的核心菜肴。其烹制方法：将雀头、雀脯肉分开，配以冬笋、菠菜梗、木耳、韭黄等辅料；佐以盐、糖、绍酒、酱油、醋、淀粉、花生油、花椒油、葱末、蒜末等调料。油炸后的雀头酥脆、雀脯软嫩，与各样辅料一同颠炒，淀粉勾芡后淋花椒油，撒嫩韭黄段。炸熘铁雀鲜香入味，酥脆软嫩兼而有之，滋味无穷，为佐酒佳品。

表面撒上葱丝、蒜片。吃起来油而不腻，酥鲜香脆。如夹在刚烙熟的热饼里，味道独特，且回味无穷。

蝗虫虽给人类带来深重灾难，但对人类也有贡献的一面。作为食物，秋季蚂蚱高蛋白、低脂肪，其虫卵中含丰富的卵磷脂。卵磷脂被消化后，可释放胆碱，对增进人的记忆大有裨益。经霜打的蚂蚱，具有止咳平喘、解毒、滋补强壮等功效，可治菌痢、肠炎等病症，对百日咳、支气管炎有较好的疗效。当时的天津人虽不懂这样高深的道理，但油炸料烹制法，却符合食疗保健的原理。

铁雀，即麻雀。老一辈天津人介绍说，发育成熟的麻雀，捉回来很难养活。养在笼里不吃不喝，最后撞笼而死。称其"铁雀"，是比喻其"无自由毋宁死"的钢铁意志。这个诙谐的解释，可聊备一说。

铁雀体较小，爪呈黑色，羽毛呈暗褐色，花纹不大清晰，多在郊外群飞觅食。到了严冬时令，羽毛渐丰，肉脯肥嫩，是老天津"冬令四珍"（银鱼、紫蟹、铁雀、韭黄）之一。《津门杂记·食品篇》载："冬令则铁雀、银鱼驰名远近。"

天津人爱吃铁雀，采用卤、炸、酱、熏、熘等方法烹调，其中以炸铁雀、熘雀脯最为脍炙人口，是地道的津味名吃。清朝诗人樊彬在《津门小令》中赞道："津门好，美味数初冬，雪落林巢罗铁雀，冰敲河岸网银鱼，火拥兽炉余。"形象地描写了铁雀和银鱼的美味。

民间炸铁雀有讲究：先择去毛，从尾部剖开一小口，挤出内脏，再从脊背部剖开，剔去胸骨，拍断脊骨、腿骨，去掉嘴尖双爪双目。洗净放入容器内，加绍酒、精盐、葱姜汁拌匀腌渍10分钟，取出，拍上糯米粉。锅置火上，花生油烧至七成热，放入铁雀，炸透捞出。稍凉后，再将铁雀入锅炸至酥脆，捞入盘中。原锅上火，放油，投入蒜末炸香，加醋、白糖，熬稠后淋芝麻油，起锅浇在铁雀上即成。

炸熘铁雀是满汉全席中的一道名菜。与高丽银鱼、酸炒紫蟹、麻栗野鸭等联袂成为天津冬令"细八大碗"中的核心菜肴。其烹制方法：将雀头、雀脯肉分开，配以冬笋、菠菜梗、木耳、韭黄等辅料；佐以盐、糖、绍酒、酱油、醋、淀粉、花生油、花椒油、葱末、蒜末等调料。油炸后的雀头酥脆，雀脯软嫩，与各样辅料一同颠炒，淀粉勾芡后淋花椒油，撒嫩韭黄段。炸熘铁雀鲜香入味，酥脆软嫩兼而有之，滋味无穷，为佐酒佳品。

烙饼炸蚂蚱——家（夹）吃

高伟 杂志主编

津门百姓喜吃"油炸货"，故天津卫的油炸货品种甚多。从炸鱼炸虾到炸螃蟹，果仁儿卷圈到老虎豆，其实最好吃的还是炸蚂蚱。尤其是油炸满籽的青头愣，用热大饼一卷，更是其香无比，咬一口，感觉那蚂蚱籽儿都在齿间跳动。难怪津门百姓留下一句歇后语："烙饼炸蚂蚱——家（夹）吃去"。

津门卖油炸货的店铺很多，如天宝楼、玉华斋、小白楼的永德顺等，小店和串胡同的小贩更是不计其数，而大家公认老城里沈家栅栏的油炸蚂蚱最好吃。那炸得金黄金黄的大肚蚂蚱，撒上碧绿的葱丝，令人馋涎欲滴。

记得儿时的一个夏天，我真是饱饱地吃了一回油炸蚂蚱。那是一天午后，我正在木盆里玩水，门外走进一个扎

136

着白毛巾的农村老汉，声称老家遭了虫灾，颗粒无收，只好逃荒要饭，让母亲买点他带来的蚂蚱。胡同里放着一副担子两个箩筐，里面放着两个系着口的大粗布袋子，打满了各色的补丁，记不得母亲给了老汉多少钱，老汉就让母亲取来一条面口袋，套在粗布袋上，打开系绳用手捏紧，一阵扑扑棱棱作响，都是大个满籽儿的青头愣，竟把一条面口袋装满了。

母亲收拾蚂蚱，从口袋里抓出一只蚂蚱捏住，拧下翅膀，剪掉后腿的细长部分，放到开水碗里烫一下即丢在撒过盐的盆里，不一会儿就择满了一小盆。晚上用油炸至黄褐色，浸入酱油、醋、葱、姜、蒜混合作料里随即捞出控干。炸蚂蚱油亮油亮的，用刚烙的热饼夹着吃，其味美不可言。那一袋子蚂蚱连自家吃带送邻居，居然吃了三天。

美味踪

武清四合院
和平区紫金山路1号
红旗饭庄
河西区隆昌路68号
文广渔村
北辰区大张庄镇朱唐庄

杂样 杂碎

033

汉民卖酱制品的商贩，将粉肠、蒜肠、肥肠、玫瑰肠、肺头、心、肝等酱货切成片，混在一起售卖，称为"杂样"。这种"混搭"，品种丰富，口味多样，经济实惠。虽然粉肠、蒜肠、肺头等不值钱的"虚货"占了绝大多数，但还是很受下层平民百姓欢迎。

"杂碎"或称"羊杂碎"是回民对牛羊下水制品的称呼。羊肝、羊肚、羊心、羊肺、羊脑、羊眼、羊舌、羊头肉、羊蹄筋，真材实料，样样给力。

"杂样"是汉民对多种酱制品杂配在一起的叫法；"杂碎"或称"羊杂碎"是回民对牛羊下水制品的称呼。在天津，二者不能叫混了，万勿囫囵吞枣，随意称之。

汉民卖酱制品的商贩，将粉肠、蒜肠、肥肠、玫瑰肠、肺头、心、肝等酱货切成片，混在一起售卖，称为"杂样"。这种混搭，品种丰富，口味多样，经济实惠。虽然粉肠、蒜肠、肺头等不值钱的"虚货"占了绝大多数，但还是很受平民百姓欢迎。劳累一天的天津大哥，下班回家路上，捎上一包杂样，乔上点毛豆、乌豆、老虎豆，到家后斟上二两直沽烧酒，连吃带喝，通体舒服。赶上好友来访，多喝二两，那就天下太平，不知今夕何夕了。

与杂样相比，倒是杂碎更货真价实，羊肝、羊肚、羊心、羊肺、羊脑、羊眼、羊舌、羊头肉、羊蹄筋，真材实料，样样给力。很多顾客在买羊杂碎时捎带要点儿汤，回家烩菜。多数商贩并不情愿多给，因为那老汤是保证转天生意的重要材料。

杂碎不但惠及回汉两族民众，而且名扬海外。杂碎让外国人认识了中国，认识了中国菜。

光绪二十二年(1896)，清政府派李鸿章去俄国参加尼古拉二世的加冕典礼，同时出访美国。美国人盛情有加，总统克利夫兰派卢杰将军到李鸿章搭乘的圣·路易斯号邮轮上迎接。码头上更是人头攒动，万人欢呼。美国人向大清国的使臣充分展示了科技成就和民主制度。李鸿章访问即将结束，告别晚宴将如何安排，让他大费周章。李鸿章看到了美国政府的民主、勤俭、亲民，想必美国人不会欣赏他奢侈的生活作风。于是，他找来了当地的华人领袖和中餐馆的老板，一起商量晚宴的菜品安排。中餐馆的老板是广东台山人，早年被卖"猪崽"来到大洋彼岸，修完铁路后身无分文，无计归家，语言不通，也无法谋生。正在穷途末路时，见洋人宰猪杀牛，只取净肉，而将内脏、下水都白白丢掉，于是他想起家乡普遍食用的杂碎，灵机一动，"人所弃之，我所取之"，就用牛羊的内脏、下水烹制杂碎汤，既经济又实惠，解决了自己的果腹温饱问题。由此，台山同乡们纷纷效仿，既自食，又拿到市场上出售，在华人圈中广受青睐。杂碎也引得洋人们馋涎欲滴，有胆大的洋人也来此大快朵颐。想到此，中餐馆的老板向李鸿章谏言，将烩杂碎作为压轴大菜呈献给美国贵宾，既经济，又实惠，又亲民。李鸿章想到清政府 刚刚经历了甲午战争的惨败，向日本赔偿白银2亿两，国库已是空虚至极，还有什么脸面炫富。一帅不如一怪，出奇方能制胜，就批准了这一方案。果然不出所料，美国宾客品尝到从未享用过的烩杂碎，欣喜若狂，大加赞赏，纷纷询问："此乃何菜？"聪明的中餐馆老板借题发挥，答道"李鸿章杂碎"。这既讨好了李大人，又为自己的菜品做了很好的免费广告。于是乎，李鸿章杂碎风靡美国。不少旅美华侨纷纷开设 "杂碎餐馆"，大获其利。

李鸿章离开美国7年后，其死对头康党的梁启超也来到了纽约。他被纽约街上的"李鸿章杂碎"招牌吸引住了。一番调查后，也不得不佩服"李鸿章杂碎"的魅力。他在《新大陆游记·由加拿大至纽约》中写道："杂碎馆自李合肥游美后始发生。前此西人足迹不履唐人埠，自合肥至一到游历，此后来者如鲫……仅纽约一隅，杂碎馆三四百家，遍于全市，每岁此业受人可数百万"。只要有台山人，就会有杂碎馆。

有一个"冷静"的美国人，著名美食家E.N.安德森说穿了杂碎的来历。安德森在一本非常权威的中国菜指南——《中国美食》中正式把这一名菜的"著作权"划给了台山，而不是李鸿章。他说："杂碎原本是产生于广东南部台山地区的一道菜肴，因为烹制简单，而且对于用料的要求也不高，所以在下层民众中广为流行。在广东话中，'杂碎'就是'混杂在一起的动物内脏'。"杂碎馆的经营者，想必是看中了李鸿章在美国的名气，所以，在杂碎之前加了李鸿章的大名。

美国人认死理，认准的东西很难改变，何况杂碎确实美味。1968年，泰国总理他侬访问美国，白宫负责接待的官员知道他喜欢吃中国菜，特意向华盛顿的皇后酒店订了50份杂碎。酒店老板大为惊讶，解释说：杂碎在中国是下等菜，上不了重大筵席，不应该用此菜招待国宾。白宫官员却告诉酒店老板，这是美国人公认的中国名菜，只有上了这道菜才够档次。可见，美国人确实将杂碎当做了中国第一名菜。

"李鸿章杂碎"所使用的原料究竟是什么？谁也说不清。一百个人有一百个"李鸿章杂碎"菜谱，印度人、菲律宾人都有自己的一个杂碎版本。美食界也确有"杂烩说""全家福说""什锦大烩菜说"等。但有一点可供美食历史爱好者们思考：李鸿章杂碎有可能非台山版杂碎，但梁启超眼见的台山杂碎馆售卖的确实是动物内脏杂碎；台山的杂碎与天津的杂碎没有本质的区别；李鸿章在天津为政多年，难道就没有品尝过天津正宗的清真杂碎吗？！

津门美食清真好

张仲　天津文史馆员、民俗学家

历史上的清真馆分为三种类型，第一类为羊肉馆，是经营规模较大、殿堂幽雅、菜品考究的高档饭庄，既做全羊大菜也烹制河鲜海味佳肴。店门外挂"包办教席，全羊大菜"的招牌。全羊大菜是精选全羊席的精华，采用羊的头、脑、眼、耳、肚、肝、腰、舌、尾、蹄、筋、脊髓、里裆、腰窝为主要原料烹制出的70多种菜，配成丰盛筵席，为清真风味的代表菜。天津鸿宾楼名厨宋少山曾创制出128道菜的全羊席，传为美谈，可以说是少数民族对中国烹饪的一大贡献。后来羊肉馆又借鉴发展了燕窝鱼翅席、鸭翅席，代表菜有红烧鱼翅、炖海参、白蒸鸭等，其中不少的菜肴仍然是当今挖掘继承的不竭之源。1955年，鸿宾楼迁往北京，郭沫若曾作藏头诗褒赞"鸿宾楼好"，足见清真菜的水平与功力。

第二类是牛肉馆，这类饭馆规模适中，经营牛羊肉、河海两鲜为主要原料的菜肴，烹制的菜肴以爆、炒、熘、炖、烩、焅、烧等烹饪技法见长，主要菜品有：清炖牛肉、油爆肚仁、芫爆散旦、烩羊尾、烧牛舌尾、它似蜜、烹蹄筋、焅羊三样等，口味鲜美各异，广为流传至今。清代咸丰年间诗人周楚良作竹枝词形象地描述了当时的这类清真馆："熘筋焅脑又爆腰，酿馅加沙炸鱼焦。羊肉不膻刘老济，河清馆靠北浮桥。"

第三类是经济实惠的面食包子馆铺、饺子馆。规模较小，分布较广，除经营包子、饺子、烧卖之类的面食馅货，还经营一些简易炒菜，如砂锅牛肉、黄焖牛肉、爆三样、焅面筋、葱爆肉等。菜虽简单，但仍吃的是手艺，如爆菜讲究蒜香鲜嫩、抱汁亮油，焅菜则讲究主料软烂、入味醇厚、明汁亮芡。另外，包子、饺子的红白馅制作也很有讲究，红馅取牛羊肉的肥中瘦，按不同的季节搭配不同的比例，搅花椒水，选用上等酱油、香油和鸡腿葱。白馅夏天用西葫，冬季要将大白菜去帮用大刀刹碎，榨出水分，做成放在手中吹似雪絮般均匀的白馅，才算得上是"师傅"的手艺。清真馆的馅子货，蒸煮的有包子、烧卖、烫面蒸饺、饺子，上铛煎烙的有回头、撩油馅饼、西葫羊肉馅饼等，具有清香适口、口松味浓、含汁流油的特点。

清真馆不论菜品还是馅子货，都有独到的技法和鲜明的口味特征，与一般汉民馆不同，因此深受回汉群众和旅津客人的欢迎，所以在饮食行业中有"清真馆一面两吃"的说法，意指清真馆烹饪技法博采众长，可接待各种食俗的消费者。

天津清真风味小吃品种繁多，数不胜数，其中不少是天津所

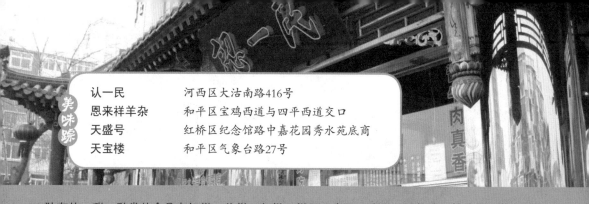

独有的。甜、黏类的食品有切糕、盆糕、年糕、糕干、麻团、凉果、驴打滚、桂花江米藕、烤山芋、汤圆、粽子、烫面炸糕、炸糕、八宝莲子糕、麻花、茶汤、油茶面、杏仁茶、红豆粥、秫米饭等。最著名的是耳朵眼炸糕，色泽金黄，外酥里黏，馅心细甜，被誉为"天津三绝"食品，与天津大麻花同为外地人来津必品尝、走时必捎带的馈赠佳品。冲茶汤用龙嘴大铜壶，沿用至今，也保留了天津小吃的一个传统特色。

酱、炸类的食品有：酱牛肉、酱牛羊杂碎、酱牛头肉、酱蹄筋、酱羊骨头、炸鱼（挂糊）、小酥鱼、炸虾、炸藕夹、炸茄夹、炸素卷圈、炸豆皮卷圈等等。酱制品用香辛调料和老汤煮制，酱香厚重，远远闻之诱人食欲。而炸豆皮卷圈则另有一番风味，可惜现在几乎失传。另外市场上多见羊汤、全羊汤，可是用大麦仁羊骨头熬制的羊肉粥（过去以药王庙王六巴所制最佳）和用虾皮、粉丝做的虾米灶（或粉汤）则很少见。

天津的家常菜源于民间，十分有特色，现在随着生活水平的不断提高，很多已被人们淡忘，现在回味起来，也有滋有味。记得有摊咸食、拿糕、贴馅饽饽、粘卷子、蒸馅龙、脂油饼、烩素帽、煎粉子（同汉民煎焖子）、煎豆腐干、羊脂炒麻豆腐、羊脂熬旱萝卜、羊肥肠烩白菜、炖羊尾巴、煎牛脑、炒锅巴、勺里拌、羊肉咸饭、杂面汤、嘎嘎汤等。其中贴馅饽饽是用新上市的嫩白菜帮切碎加羊肉搅馅，用玉米面攥成饽饽，再放进锅内贴熟。若攥成团子上锅蒸熟又称"菜团子"。如用白面蒸，俗称"大白脸"。羊肉咸饭是用大米煮稀饭，熟后倒炝锅，下葱、姜、酱油、羊肉绞馅煮开锅即可。因有羊肉及调料之食香，咸饭有特殊的香气。羊肉杂面汤，是用羊脂葱花炝锅，下羊肉丝、煮杂面条。因杂面喜油，熟之鲜美异常。当今人们吃惯净米白面、肉蛋、鱼虾，不妨选上一些老家常便饭，用它"换换口儿"。

清真菜利用回民风味小吃与家常饭构成天津特殊的饮食文化现象，反映了一定经济形态中我国少数民族的物质、精神生活，也是天津这个移民城市的历史遗迹。

（本文节选自张仲《天津传统的清真菜和回民的风味小吃及家常菜》，标题为编者所加。）

034 烧鸡扒鸡

路桂玲坐在我对面。观其言行，颇有女老板的风采。

路桂玲的曾祖路德贵、曾叔祖路德树是清朝末年天津最大的活禽供应商。得漕运便利，白洋淀的活鸡、活鸭、水禽野味源源不断运进天津，再经过路家散布全市。路家甄别活禽的技艺高超，为人忠厚，恪守商业道德，从不贩卖不合格的鸡鸭，所以，天津的各大饭庄非路家的活禽不买。由此可见路家生意之红火。

路家老店坐落在北门外的河北大街小石桥西崇德里24号，紧邻南运河。河北大街一带农副杂货店鳞次栉比，南北客商云集。一些与路家相熟的船家和老客托路家代做风干鸡、风干鸭，以便携带方便，路上享用。由此，路家兄弟看出商机，除为南方客商制售干腌鸡鸭外，又潜心研制适应面更加广泛的烧鸡。1889年，老路记烧鸡店开张纳客。从此，活禽烧鸡两路并举，买卖更加兴隆。

老路记烧鸡清香透骨、熏香浓郁、回味绵长。加工烧鸡，从选鸡入手，看鸡冠，摸鸡裆，观鸡腿，把握鸡龄，把握肉质。钻研腌制配料，除传统的辛香调味的桂皮、桂条、大料、白芷、丁香、紫蔻，肉蔻、砂仁、陈皮、鲜姜外，还要考虑季节、气候对人体不同影响的因素，遍访名中医，精选顺应四时节律的中草药材，制成秘方，经过二十四小时腌制，再用四个小时的小火酱制，最后，用香米、茶叶、冰糖熏制，使成品烧鸡鸡形不散，通体金黄，皮脆肉嫩，味厚适口，久放不损。

扒鸡属于卤制，肉嫩味纯、味透骨髓。扒鸡五香脱骨，烧鸡肉烂而不脱骨。天津人说的卤鸡，几乎等同于扒鸡；天津人说的熏鸡，与烧鸡接近，只不过多了熏制的工序。在中国卤制品大系中，扒鸡和烧鸡可谓称霸北方市场的双雄。

路家买卖诚信为本、薄利多销，路家兄弟为人忠厚。广结善缘。同义庄马阿訇的女儿马士贤与路德贵的长子路玉金相遇相知相爱，喜结连理，成就了一段佳话。马阿訇回汉双修，对汉文化了若指掌，深知鸡有"五德"，实乃"德禽"。汉代《韩诗外传》曰："头戴冠者文也，足傅距者武也，敌在前敢斗者勇也，见食相呼者仁也，守时不失者信也。"归纳为文、武、勇、仁、信"五德"。他为老路记烧鸡店取名"德馨斋"，取"德行馨香"的意思，并赠送祖传制作烧鸡的秘方作为女儿的陪嫁，使路记烧鸡质量更佳，销量大增。

老路记烧鸡清香透骨、熏香浓郁、回味绵长。加工烧鸡，从选鸡入手，看鸡冠，摸鸡裆，观鸡腿，把握鸡龄，把握肉质。钻研腌制配料，除传统的辛香调味的桂皮、桂条、大料、白芷、丁香、紫蔻、肉蔻、砂仁、陈皮等，还要考虑季节、气候对人体不同影响的因素，遍访名中医，精选顺应四时节律的中药材，制成秘方。经过二十四小时腌制，再用四个小时的小火酱制，最后，用香米、茶叶、冰糖熏制，使成品烧鸡鸡形不散、通体金黄、皮脆肉嫩、味厚适口、久放不损。

中华传统文化特别强调进食与宇宙节律协调同步，春夏秋冬、朝夕晦明要吃不同性质的食物。老路记烧鸡添加了顺气里中，开胃健脾、顺应四季的中药配方，食客食之，夏不上火，冬不寒凉，春秋平衡，从而吸引了大批的回头客。

新中国成立后，路家第二代传人——路桂玲的祖父路玉金、叔祖路玉铭共同经营老路记烧鸡店。他们以河北大街为生产基地，在和平区东安路市场设立窗口，除以零售满足广大食客外，还专供天宝楼、天庆楼等酱货老字号。利顺德大饭店、国民饭店常年设老路记烧鸡专柜，以满足中外食客的需要。天津东站、北站、西站始发的列车餐车上供应老路记烧鸡，将老路记烧鸡带向了全国。时任天津市主管财贸的副市长王光英，便认识了老路记烧鸡，并成为忠实的拥趸。时隔二十年后的1999年，国内贸易部评选中华老字号，王光英推荐了百年老号德馨斋老路记烧鸡店，并为之作证。

老路记烧鸡店坚持老传统、老工艺，恪守"德行馨香"的古训，并已列入非物质文化遗产的行列，让所有顾客买着放心，吃着安心，送客顺心。别忘了，吃完鸡肉，鸡骨头可别扔，老路记烧鸡鸡骨头熬出来的汤，比白鸡吊汤还有味道，不信您试试。

烧鸡扒鸡双雄会

路珉 自由职业者

参观天津市红桥区非物质文化遗产博物馆，见"德馨斋老路记烧鸡"位列其中，勾起往事回忆。

1985年底，新婚不久的我搬入河北大街8号楼，每天都到楼下路边的农贸市场买菜。市场附近有两家老路记烧鸡店，相距40米，同为"德馨斋"字号，味美质优，生意兴旺。每天傍晚开张时，顾客盈门，赶上节假日，常排起数十人长队。

迁入新居，安顿停当后，去看望爱人的姥姥，首选礼品便是老路记烧鸡。老人家八十大几，体无大恙，唯不思茶饭，把子孙愁得团团转。没想到，老路记烧鸡使老人胃口大开，几块下肚，已面泛红光。全家高兴异常，夸新姑爷会办事，买来美味，救了老人家。获得赞扬，心里自然美滋滋的。那年头，一个月工资39.78元，七八块钱一只的烧鸡不可能隔三差五地消费。烧鸡店物美价廉的鸡杂，让我经常光顾。老路记的熏鸡肠、熏蛋白（母鸡体内尚未成熟的鸡蛋）两块钱一斤，买回尽可俏菜、凉拌、辣烧，大快朵颐。几年后，全家迁居他处，但每周必绕道来老路记烧鸡店买鸡杂，逢年过节必买几只老路记烧鸡，以孝敬双方老人。迄今，年过八十的老岳父，吃鸡只吃老路记。

德馨斋老路记烧鸡列入"非遗"，令我想起德州韩记扒鸡。在认识德馨斋老路记烧鸡之前，多年来，我家首选德州韩记扒鸡，这是家族因缘所致。父亲解放前学徒时的一位师兄弟，后任德州地区粮食局局长，每次来津必送来正宗的德州韩记扒鸡。父亲每去德州出差，也必带韩记扒鸡回家。

上个世纪80年代初，我平生第一次出差，从上海返津路过德州，下车延签，按照父亲行前指点，出德州车站往东，在一个小胡同里找到了韩记扒鸡店。深秋清晨，胡同两侧十几家扒鸡店一字排开。店铺灯光伴着星光，卤鸡香味飘荡四溢。不到五点，韩记扒鸡店门前已排起长队。韩记扒鸡店多年的规矩，每位顾客限购两只扒鸡，以防他人囤货居奇高价倒卖，坏了韩记的声誉。我领到6号和26号牌，已是四只扒鸡胜券在握。再看相邻的扒鸡店皆人迹寥寥。诚如父亲所言：韩记扒鸡店定量供应，在它收摊前，别的扒鸡店很难有生意做。

在烹饪制作上，扒鸡和烧鸡的区别是：扒鸡属于卤制，而烧鸡属于炖煮。扒鸡特点是肉嫩味纯、味透骨髓，烧鸡特点是清香透骨、熏香浓郁。二者成品外形及口感的显著区别在于：扒鸡五香脱骨，烧鸡肉烂而不脱骨。天津人说的卤鸡，几乎等同于扒鸡；天津人说的熏鸡，与烧鸡接近，只不过多了熏制的工序。在中国卤制品大系中，扒鸡和烧鸡可谓称霸北方市场的双雄。

美味踪

德馨斋老路记烧鸡
红桥区洪湖南路21号
同兴成烧鸡
南开区王顶堤林苑北里2号楼旁
德州扒鸡
河北区中山路东河沿大街
体北八珍烤鸡
河西区体北宾水西道宾水西里底商

035 青酱肉 京酱肉

京酱肉是将猪后臀尖肉洗净切成一斤左右的方块形肉坯。用冰糖、红糖、酱油、料酒和花椒、大料、桂皮、香叶、肉蔻等香料及葱姜段配制成调料。将肉坯没入调料中，腌制一晚。下锅炖至肉烂汤粘即可出锅，出锅时在肉的表面涂上一层红褐色酱汁，即为成品。特点是外表色泽酱红、内里肥白瘦红；肉烂而不碎、甜中带咸、肥而不腻、瘦而不柴。

青酱肉、京酱肉是天津的传统酱制美食，享誉经年，很受津门食客追捧。

1921年"双十节"刚过，北门外大街商铺林立的夹缝中又多了一家"天盛号"酱肘铺。店主季拱臣，山东掖县人，少时曾在北京前门外西河沿天盛号酱肘铺学徒，因聪明过人，学到一身好手艺。天盛号酱肘享誉京城，皇亲贵族、达官显宦皆视为上品。辛亥革命，清帝退位，遗老遗少纷纷迁居天津。季拱臣跟随天盛号老食客跻身津门。开业那天，著名书法家吴士俊书写的"天盛号酱肘铺"匾额高悬门楣。

不到两年，天津天盛号声誉鹊起，远近驰名。遂在大胡同北口金钢桥下坡购置了两间门脸的三层楼房，开设天盛号第一支店。不久又在锅店街附近的单街子开设第二支店，在法租界国民饭店楼下租门脸两间，作为第三支店。从此，天盛号销量大增，又在总店北侧购两间门脸，作为存货仓库，原仓库改为作坊。至此，天盛号成为当时最著名的食品业店家之一。

天盛号酱制品，有酱猪肉、酱鸡鸭、熏鸡、烤鸡、扒鸡、熏鱼、酥鱼、五香鱼等品种。其中最受推崇的是酱肘子和青酱肉。

青酱肉用料讲究，制作精细，味道独特，堪与金华火腿、广东腊肉媲美。每年冬季进九以后，选用香河县产皮细肉嫩、肥瘦适度肉型猪的后腿部位，剁掉蹄爪，但不可碰破骨膜，整理成六斤左右的椭圆形块（坯），将细盐分七次（每天一次）撒在肉坯上，每12小时翻倒、摊晾各一次，挤出血水。然后从肉坯边缘穿绳上挂再晾三天，晾后入缸加注酱油及大料、小茴、花椒、甘草等。浸泡八天，此过程名为"腌七泡八"。八天后将肉坯取出挂在通风处晾干，到来年2月(约100天左右)入净缸或密封室内存放。到霜降前后，将肉坯取出，用清水浸泡一天，用碱水刷洗干净，开水下锅，以适当火候煮制一小时左右，即为成品。表皮酱红，肥肉薄片莹润透明，瘦肉片则不柴不散，肉丝分明。入口酥松，清香鲜美，利口不腻，风味独特。

酱肘子也是天盛号看家美食。酱肘子选取猪前肘。虽未"腌七泡八"，却也经过多道工序腌制。用老汤大火煮至锅沸，减为小火保持20分钟后去火。加足佐料，复加盖继续小火煮30分钟。取出酱肘，趁热脱骨分离皮肉，把瘦肉裹于皮内，用线绳捆绑紧实成猪肘原样，用重物重压5小时成形。因肉卷经丝线捆扎，重物紧压，肉卷表面有云波状花纹，文人雅称"缠花云梦肉"。

京酱肉是天宝楼代表作，可与天盛号青酱肉、酱肘子相媲美，亦为天津酱制品之精品。将猪后臀尖肉洗净切成1斤左右的方块形肉坯，用冰糖、红糖、酱油、料酒和花椒、大料、桂皮、香叶、肉蔻等香料及葱姜段配制成调料。将肉坯没入调料中，腌制一晚。下锅炖至肉烂汤粘即可出锅，出锅时在肉的表面涂上一层红褐色酱汁，即为成品。特点是外表色泽酱红、内里肥白瘦红，肉烂而不碎，甜中带咸，肥而不腻，瘦而不柴。特别注意的是要低温存放，否则包裹的酱汁易化。

1923年的一天，大书法家华世奎晚上到中国大戏院听戏，其间忽然想起天宝楼酱货，就差人去天宝楼叫食盒。掌柜顺势向华先生求字。华先生欣然挥毫，写下"天宝楼"三个大字。

旧时天津民间把酱油称为京酱、青酱。京酱肉外表酱红，且包裹酱汁，便被食客称为"京酱肉"。有人说：京酱即北京酱油；京酱肉即为北京酱油炖制的酱肉。其实，京酱在北京意指面酱、黄酱。如京酱肉丝，其调料即为面酱或黄酱，盖与北京酱油无涉也。

青酱京酱味不同

张显明 民俗专家

山东人称酱油为青酱，天津人也把酱油称为青酱，可能是运河沿线语言相通的缘故。当年天津北门外"天盛号"制作享誉津门的"青酱肉"，顾名思义就是用青酱浸泡出的肉。青酱肉切开后，瘦肉酱红，肥肉脂白，酱香浓郁，咸香适口，肥而不腻，佐酒下饭，均为上品。另外，天盛号每天都选购优质新鲜猪肉和猪头、猪蹄、猪尾、猪下水，现煮现卖，由于使用老汤好料，称得上肉烂味香，物美价廉。一出锅就引得人们争相购买，实在是大众化食品。

老天盛号在北门外大街，一进门，最引人注目的是那独特的菜墩子，那是一段有一人高、一抱粗，带着树皮的大柳树桩，切肉需要站在凳子上操作。为什么菜墩子要那么高呢？老掌柜说是怕伙计切肉时，顾客拥挤，伸手选肉，稍有不慎就可能误伤了顾客。这说明：天盛号的买卖好，顾客多；店家心里有顾客，时时为顾客着

148

想。顾客提出买什么、买多少，切好过秤，用荷叶一包，既不渗油，还带有一股清香，既经济，又环保。

老天盛号和分号紧邻南运河及三岔河口，当年河岸码头停满了船只。脚行装卸工、船夫、纤夫从事繁重的体力劳动，吃的要硬磕，即买即吃，因而大饼夹酱肉成为首选。各种酱货用热大饼卷上吃，既节省时间，又搪时候。当年天津俗语："大饼卷酱肉，越吃越没够。"完活下班，带上一包猪耳朵或酱杂样，回家当酒菜，也是穷哥们儿的一种享受。另外，针市街、估衣街一些大买卖家的厨房，更是固定的老主顾。东西迎人的天盛号占尽天时、地利、人和。

拆迁搬家，天盛号搬到了中嘉花园，一批老顾客也跟到了中嘉花园。如今，受工艺和物价的限制，青酱肉已断档多年；京酱肉却每天都有供应。京酱肉就是"京式酱肉"的简称。"京酱肉"应读为"京－酱肉"，而不能读为"京酱－肉"。天津天宝楼的京酱肉，外层所包酱汁呈酱黄色，而天盛号的京酱肉所包酱汁为酱紫色，虽色泽有别，但基本制法和用料相同，口感差异不大。另外，天盛号熏肉为酱肉之精品，老味儿粉肠也是传统特色品种，多年受食客青睐，至今不衰。

美味踪

天盛号
红桥区纪念馆路中嘉花园秀水苑底商
天宝楼
南开区广开中街186号

酱牛腱

036

酱牛肚

天津回民多，清真食品自然丰富。其中，酱牛肉是最受回汉民众喜食的清真美味。

精选鲜嫩牛肉，洗净待用。锅底码放牛棒骨，将瘦肉、腱子肉码放中间，质地较老的肉码放四边，兑进老汤，加入大葱、老姜、丁香、虫草、黄芪、香叶、花椒、大料、大茴、小茴、草蔻等香料制成的辅料，煮至四成熟时，放入精盐、白糖和黄酱。用竹板子压在牛肉上，封火，用小火煮6个小时出锅。出锅时要做到轻铲、稳托、平放，肉出锅后要放在竹屉内免得把酱牛肉碰碎，待凉后即可改刀食用。做一锅酱牛肉大约需要8小时，出肉率五至六成，即1斤鲜牛肉，酱熟后为5至6两。

制作酱牛肉有讲究：一是鲜肉下锅，不需净水泡和热水紧，以防走味；二是要陈年老汤，老汤要定时去渣澄清，保持纯真味道；三是选用香料必须符合伊斯兰教教规；四是把握火候，不疾不徐，成品不过不落挂；五是出售时按酱牛肉的纹理入刀，不散不掉

锅底码放牛棒骨，将腱子肉码放中间，兑进老汤，加入大葱、老姜、丁香、虫草、黄芪、香叶、花椒、大料、大茴、小茴、草蔻等香料制成的辅料，煮至四成熟时，放入精盐、白糖和黄酱。用竹板子压在牛肉上，封火，用小火煮6个小时出锅。

酱牛肚的精华是酱肚板。肚板有两大块，阴扇和阳扇。精华中的精华是酱肚领，其次是酱肚葫芦。肚板像三层板，中间层与上下两层的肉丝纹路纵横交错，咀嚼咬劲儿十足。肚领、肚葫芦光滑整洁，咀嚼Q弹，口感极为特殊。

150

渣，易于食用。

酱牛腱是酱牛肉中的精品，肉中有筋，筋膜包肉，剖面纹理清晰，红中透亮，酱香肉香四溢，口感宜嚼易烂。

酱牛肚的精华是酱肚板。肚板有两大块，阴扇和阳扇。精华中的精华是酱肚领，其次是酱肚葫芦。肚板像三层板，中间层与上下两层的肉丝纹路纵横交错，咀嚼咬劲儿十足。肚领、肚葫芦光滑整洁，咀嚼Q弹，口感极为特殊。内行食客专挑酱牛肚关键部位食用。

天津制售清真酱货的商家很多，便民市场、超市等均有摊点门脸，但"月盛斋""至美斋"等老字号最有魅力。

1948年，北京月盛斋经理马俊的表兄在天津开设分号。在继承北京老号酱羊肉的基础上自制酱牛肉色香味俱佳，肥瘦相宜，肥肉不腻，瘦肉不柴，咸中透香。以此，征服了天津食客，享誉津门半个多世纪。

北京月盛斋的创始人马庆瑞在礼部举办祀典帮人看供桌时，同御膳房一位专做羊肉的厨子关系很好，平时留心，偷学厨艺。他于乾隆四十年，在前户部街租了三间房，取名月盛斋，意在"月月兴盛"，经营五香酱牛肉、酱羊肉、烧牛肉、烧羊肉等独具特色的传统酱烧制品。

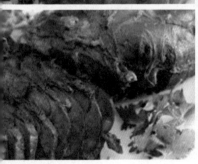

质优味醇至美斋

至美斋酱牛肉的创始人刘义元是河北省孟村回族自治县人。在老家从一位老师傅那里学来制作酱牛肉的独门绝技后，来到天津，在老城西北角回族聚居区定居。为生计，刘义元走街串巷推车售卖酱牛肉。他为人豪爽，古道热肠；在生意上争强好胜，不断创新。多年钻研技艺，从质量入手，确定选肉标准；从风味入手，研制出独到的酱制配料。经反复探索，形成独特风味，使酱制牛肉上了一个新台阶，在牛羊肉酱制品市场独树一帜。"刘记酱牛肉"，由游商升格为坐商，顾客盈门，财源广至。

家大业大之后，父子分摊经营。刘义元和三儿子仍在老地点，二儿子刘振华娶妻文益清，在西关街经营，启用"至美斋"字号，寓意至真至美。刘家酱牛肉逐

刘忠臣
至美斋传人

渐在众多同行中脱颖而出。

风风雨雨几十年，"文革"中历经回乡务农、丧父丧弟等一系列磨难的刘振华，终于迎来改革开放的曙光。在二次进津时，已有六子一女的刘振华重操旧业，再振雄风。1985年，"至美斋"老字号恢复使用。

刘振华去世后，其妻文益清带领三个儿子——老二、老四和老六接手至美斋业务。经多年发展，不但继承传统制作工艺，而且陆续创制新品。由原来的单一品种，发展成多种经营，现至美斋连锁店已遍布津城，跻身知名企业。2006年，天津体工大队将至美斋酱牛肉样品送科学运动研究机构化验分析，认为符合运动员食用标准。天津女排、棒球队每外出比赛，均携带至美斋制作的其真空包装酱牛肉制品，为天津体育运动作出了自己的贡献。

美味踪

至美斋
红桥区复兴路（与芥园道交口）
月盛斋
和平区长春道（与辽宁路交口）
穆民美食家
和平区山西路（近多伦道）
任一民
和平区西安道53号

037 酱驴肉

酱驴肠

全中国食驴肉最有名的地方，南推贵州，北属河北。天津在河北省包围中，自不可免俗。

现代天津街市，"驴珍馆""全驴宴"，"天上龙肉，地上驴肉"的驴肉馆招牌、幌子为数不少。其中名气最大且经久不衰的，当推中国四大酱驴肉之一的天津"曹记驴肉"。流传于民国年间的数来宝《天津卫风情》道："想美餐，东门里，冀州馆，路南里，曹先生，是经理，焖的饼，有名气，熏驴肉，味鲜美，切卖者，内掌柜。"

曹福堂是河北冀州曹记驴肉第四代传人，是天津曹记驴肉店创始人。清嘉庆末年，曹福堂的曾祖曹老汉在冀州南王村创建曹记驴肉。以传统技艺和选用高级辅料制作的酱驴肉，风味独特，清香适口，因此广受当地人们的喜爱和欢迎。传至二代曹老轩和三代曹建功，在制作工艺上悉心研究，精益求精。他们求教乡村名医，在辅料中增加几味药材，综合了驴肉的寒凉性，酱出的驴肉异香扑鼻，还有开胃提神顺气的作用。这一重大的技术改造，使曹记酱驴肉远近闻名。曹家"和顺号"驴肉馆正式开店，但人们还是习称"曹老轩驴肉"。

1936年，日本侵略军强拆"和顺号"店铺建炮楼，曹福堂和三弟曹立海举家逃难来到天津。在天津北门外租赁半间门脸制售冀州曹记驴肉。由于味道醇厚，日售三十多斤，生意渐兴。后在东门里又开"冀州荣祥曹记"饭店（俗称冀

酱制驴肉选用新鲜的前腿肉、后腿肉，去掉肉筋，在陈年老汤中慢煮，在煮制中加入桂皮、紫蔻、丁香、大茴、小茴、草果、肉桂、花椒、砂仁、白芷、陈皮、大葱、老姜以及中药秘方。老汤滋味和新鲜醇香复合交融，肉质酥烂，肥而不腻，瘦而不柴，味道醇厚，咸香可口，回味无尽。

先将驴大肠在清水中浸泡一段时间，然后翻出内壁，置于案上，用刀轻轻刮去秽物，用水冲洗干净，投入开水锅中加料酒，大火煮几十分钟，捞出用清水洗几遍，将腥味除尽，晾干备用。再用精盐、酱油、辣椒以及内装豆蔻、草果、砂仁、桂皮、丁香、花椒、小茴、大蒜瓣的药料袋，放入清水锅中烧开，煮成卤汁，然后将晾干的板肠放入，先急火煮，再慢火炖，熟后切成寸长小块装盘食用。

州馆），主营曹记驴肉、冀州焖饼和炒菜，生意火爆，跻身天津"八大家酱货"之列，与天宝楼、天芙楼、天盛号、天顺号、月盛斋等名店并驾齐驱。

曹记驴肉之所以广受食客欢迎，历久不衰，根本原因是货真价实，风味独具。其酱制工艺：选用新鲜的前腿肉、后腿肉，去掉肉筋，在陈年老汤中慢煮，在煮制中加入桂皮、紫蔻、丁香、大茴、小茴、草果、肉桂、花椒、砂仁、白芷、陈皮、大葱、老姜以及中药秘方。老汤滋味和新鲜醇香复合交融，肉质酥烂，肥而不腻，瘦而不柴，味道醇厚，咸香可口，回味无尽。

酱驴肉自是人间美味，酱驴板肠更是美味极品。板肠是驴体小肠与大肠之间的部分，为驴所独有，一头成年驴的板肠仅有一尺长，故被列为"驴八珍"之首。酱驴板肠因香烂可口、肥而不腻，民间有"能舍孩子娘，不舍驴板肠"之说。驴板肠及驴板肠制品的蛋白质含量较高，且属完全蛋白，含人体必需的八种氨基酸，其比例接近人体需要，营养价值很高。驴板肠还含脂肪、碳水化合物、维生素和矿物质等，中医理论认为，是难得的药膳。驴板肠味甘性凉，入脾胃大肠经，具益气和中、生津润燥、清热解毒之功效，可治疗赤眼、消渴、解硫磺、烧酒毒等。

酱驴肠制作流程：先将驴大肠在清水中浸泡一段时间，然后翻出内壁，置于案上，用刀轻轻刮去秽物，用水冲洗干净，投入开水锅中加料酒，大火煮几十分钟，捞出用清水洗几遍，将腥味除尽，晾干备用。再用精盐、酱油、辣椒以及内装豆蔻、草果、砂仁、桂皮、丁香、花椒、小茴、大蒜瓣的药料袋，放入清水锅中烧开，煮成卤汁，然后将晾干的板肠放入，先急火煮，再慢火炖，熟后切成寸长小块装盘食用。驴板肠有凉拌、红烧、烩汤、混炒等多种吃法。不管怎样吃，它都具有脆香、清淡、不腻人、回味无穷的特点。

想长寿，您了吃驴肉；想健康，您了喝驴汤。

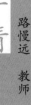

曹记驴肉父子情

路慢远

教师

在我国餐饮史上，驴肉、驴汤拥有浓墨重彩的一笔。"天上龙肉，地下驴肉"和"吃了驴肝肺，活到一百岁"的民谚，家喻户晓。尤其在九河下梢天津卫，曹记驴肉无人不知。

我与曹记驴肉结缘，是在上小学的时候。爸爸接我回家，做晚饭时却断了煤气，爸爸只得骑车带我外面"觅食"。我坐在自行车后座上左睇右盼说："不吃牛肉拉面，我要吃驴肉。"爸爸大笑应允，在曹记驴肉店买了半斤酱驴肉，又买几个油酥烧饼。回到家，爸爸自制成驴肉火烧端上桌，酱驴肉的浓香伴着烧饼的酥脆，真是妙不可言！

我参加高考时，考场对面有家驴肉火烧专卖店，连续两天中午，我都毫不犹豫地走进去，两套驴肉火烧配一碗驴肉汤。吃罢精神抖擞思路清晰，驴肉火烧帮助我为十年寒窗画上一个圆满的句号。

2009年大学毕业，求职屡碰壁。爸爸带我去五台山旅游，以排遣心中苦闷。驾车北进，午时过保定市区，见路两边驴肉

小馆林立，便与驴肉再次结缘。保定驴肉肥美；小米稀粥免费赠送。吃罢，虽满口肉香，却感酱味儿不足，大概是让曹记驴肉比下去了。

我曾向美食家请教，了解到曹记驴肉的独到工艺：选用新鲜的前后腿肉，剔骨去筋，加入桂皮、紫蔻、丁香、大茴、草果、肉桂、花椒、砂仁、白芷、陈皮、小茴、大葱、老姜以及中药秘方，在陈年老汤中慢煮。其老汤滋味和新鲜醇香复合交融，肉质酥烂、咸香可口，回味无尽。

如今我已参加工作多年，爸爸也已退休在家。去年冬至，我跟老爹说，"走！我请您吃驴肉去！"直奔曹记驴肉小店，酱驴肉、酱驴肠、驴肝、驴心、驴肺，配素什锦、老醋花生，最后，以大碗驴肉汤作结。肴核既尽，杯盘狼藉，父子捧腹而出，那份愉悦享受，天下珍馐佳肴不若也。

天津卫被誉为戏曲之乡、曲艺之乡，戏曲名家纷至沓来，津门美食常令名角流连忘返。裘盛戎、李少春、荀慧生等均品尝过曹记驴肉，好评连连。裘盛戎说："地上跑的就属驴肉香，吃驴肉对保养嗓子有好处。"曹记驴肉店堂上挂着以画驴著称的名画家黄胄的杰作——画面是一头可爱的小毛驴，幽默题字："曹记驴肉，刀下留情"。当年，天津南市食品街开张，画家来此大快朵颐后留下这幅著名画作。看后，不禁大笑三声："君子远庖厨也！"

美味踪

曹记驴肉
和平区南市食品街
金饼驴肉
南开区西湖道36号
顶好驴肉火烧
南开区鞍山西道258号增8号

038

涮羊肉

水爆肚

京津地区背靠内蒙古大草原，"涮"和"水爆"的食材来源便捷，供应充足。近千年来，草原马背民族两度入主中原，随之而来的游牧饮食，丰富了华夏美食，且大为增色。

很多美食的起源，多为歪打正着而来，涮羊肉即属此类。民间传说当年忽必烈率军南征，一日，人困马乏饥肠辘辘，他想起家乡美味清炖羊肉，吩咐伙夫烧火宰羊。探马来报，敌军逼近。忽必烈一面调兵遣将，一面关心他的清炖羊肉。伙夫见火旺水开，羊肉尚未下锅，谈何"清炖"？情急之下，飞刀片下十几片薄羊肉，放在滚水里搅拌，待肉变色，捞入碗中，撒下细盐。忽必烈匆忙连吃两碗，便上阵迎敌而去。得胜回营，犒赏三军，伙夫如法炮制，另配多种佐料，将领们品尝后大加赞赏，讨教美味何名？忽必烈赐名"涮羊肉"。

涮羊肉历元明清三朝，深藏宫中数百年，直到清光绪年间，才将宫中涮羊肉佐料配方传至民间。"旧时王谢堂前燕，飞入寻常百姓家"，使平头百姓得以一享口福。

天津涮羊肉，带着天津人的豪爽性情以及嗜好河海两鲜的特点。小盘鲜肉片、大盆冻肉片，论斤论两；麻酱、酱豆腐、虾油、辣油、料酒、腌韭菜花、香菜末等小料自取自配；大对虾、小墨斗、生鱼片、鱼滑、鱼丸、鲜切螃蟹同涮同吃；白菜、冬瓜、粉丝、腐竹、冻豆腐等，消荤解腻。

天下涮羊肉的主料，都取羊肉最嫩部位，当以绵羊肉为最佳，后腿里裆、腰窝、黄瓜条，天津亦然。唯独涮锅

吃水爆肚的妙处在于操作，根据个人口感，须自吃自"爆"。筷子尖夹住肚丝，入沸水时间长短全凭经验，只一刹那的感觉，便乐在其中了。吃水爆肚应豪情满怀，不可太斯文，要的就是爆肚丝在嘴里咯吱咯吱嚼动而后囫囵咽下的快感。吃水爆肚讲究麻利快，要趁热吃，否则放凉回硬，皮条老韧，牙口再好，也只能硬吞了。吃水爆肚小料要全，酱油、香醋、麻酱、香菜、辣油，一样也不能少，边爆边蘸边吃边喝，脆嫩清爽，大快朵颐，酒酣耳热，其乐无穷。

汤料，天津自有特色，虾干、香菇、口蘑、老姜、葱段打底，清汤（各家各有秘方）随时添加。麻酱用香油调稀（回民称"炒料"），切不可水澥，否则色淡、香散、味平。正是：嫩肉老酒小料足；烧饼糖蒜杂面香。

水爆肚是天津老少爷们的下酒菜。俩烧饼一盘水爆肚当正餐的吃主有吗？听说过，没见过。天津水爆肚多用羊肚，用牛肚也只是百叶部分。有讲究的吃主专吃肚仁，那是身份的炫耀，与市井世俗背道而驰了。

水爆肚好吃，但制作费事。麻烦在于清洗，将羊肚用碱水反复揉搓，清水洗净，切丝装盘。吃水爆肚的妙处在于操作，根据个人口感，须自吃自"爆"。筷子尖夹住肚丝，入沸水时间长短全凭经验，只一刹那的感觉，便乐在其中了。吃水爆肚应豪情满怀，不可太斯文，要的就是爆肚丝在嘴里咯吱咯吱嚼动而后囫囵咽下的快感。吃水爆肚讲究麻利快，要趁热吃，否则放凉回硬，皮条老艮，牙口再好，也只能硬吞了。吃水爆肚小料要全，酱油、香醋、麻酱、香菜、辣油，一样也不能少，边爆边蘸边吃边喝，脆嫩清爽，大快朵颐，酒酣耳热，其乐无穷。

出身北京的回族女作家霍达，对水爆肚颇有心得："'爆肚儿'之'爆'，其实并不复杂，只是用开水烫一下而已，北京人称之为'焯'，以专用小锅盛水约三斤，上旺火烧开，投入切好的肚儿料约四两，一眨眼的工夫用漏勺捞出，蘸着佐料即可食用。但这一'焯'却又非同寻常，时间短了肚儿生，时间长了肚儿老，要的就是不早不晚不紧不慢不温不火不生不老的'恰到好处'，吃起来又脆又嫩又筋道又不硌牙，越嚼越有劲儿，越品越有味儿，越吃越上瘾，吃过之后还满口余香，把世界上还有什么燕窝、鱼翅、猴头、熊掌全忘了！而由于所爆的原料又分肚儿领、肚儿仁、肚儿板……爆的时间长短又有所不同，十二秒、十三秒……十九秒，掌勺师傅的眼神儿心劲儿比秒表还准，没有家传的秘诀、十年八年的苦练，休想'问鼎'，功夫全在这一'焯'。当然还有极为讲究的佐料，酱油、醋、香菜、葱末儿、水澥芝麻酱、卤虾油、辣椒油、老蒜泥……又有严格的配方，不能乱来。到时候以汤盘盛爆肚儿，小碗盛佐料，食客以筷子夹爆肚儿、蘸佐料，脆嫩清香，食欲大增。饭前食之开胃，饭后食之助消化，不仅饱了口福，同时还获得了健脾养胃的裨益，强似良药苦口了。"（《沉浮·爆肚隆》）

正所谓：入汤顷刻便微温，佐料齐全酒一樽。齿钝未能都嚼烂，囫囵下咽似生吞。

雪夜涮羊肉的豪情

谭汝为 教授、民俗学家

1965年，我二十岁。那年冬天，在南市永源德饭庄吃涮羊肉的情境，迄今记忆犹新。这次活动向导是比我大五六岁的同事Z君。他是土生土长的"南市娃娃"，豪放嗜酒，幽默善谈，懂吃能吃善吃舍得吃，乃典型的"卫嘴子"。一天周六下午，外出办事后骑车返程。冬云密布，寒风刺骨，憋着一场大雪。Z君提议：到永源德吃共合锅涮羊肉。他说："兄弟，你拿一块，剩下的哥哥包了！"我懵懵懂懂地跟着Z君进了永源德。

一进大门，右侧是手切羊肉片的案板，厨师将切好的肉片一盘一盘地陈放案头。肉片肥瘦不一，品类多样，片薄均匀，拼摆美观。一楼厅堂摆两张大圆桌，桌子中间卧入一口浅底儿大圆锅，中间用米字形铜片均隔为八个区域；桌旁几张长凳；桌下炭火盆。素不相识的食客可同桌同锅进食豪饮，锅内以铜片分隔，涮肉各是各码，但汤水却串流共享，可谓分合两便。缺点是不太卫生，但当时人们并无今日的健康观念。

Z君让我落座，在我四顾观察之际，他陆续端来两盘羊腿肉片，肥瘦相间；一盘菜头粉丝，白绿相映；一瓶直沽高粱俩酒盅；一碟芝麻烧饼。接着，

端来一大盘蘸料碗——麻酱、腐乳、韭菜花、辣油、虾油、糖蒜，供食客依照口味自行配伍。

我是初次吃涮羊肉，一切照葫芦画瓢，唯Z君之马首是瞻。桌前料碗、味碟、酒盅一字排开，炭火烧开汤水后，姜块、葱段、大料瓣儿随水波滚动浮沉，Z君下令：开涮！

Z君不愧为吃主儿兼美食教育家——只见他左手把酒右手持箸，边示范边指导曰："永源德涮肉用的是羊后腿，选用阉割过的公羊，以北口（张家口一带）羊为最佳。冻压后腿，压出血水，干而不冻。如果冻成冷冻肉，那就不鲜也不嫩了。把经冻压的羊后腿肉，手切薄片。随涮随吃，鲜嫩可口。火锅涮肉，肉不离筷，变色即可，蘸料食用，涮一片吃一片。捞出肉片在味碟中蘸一下，一使入味，二使降温……"

此时，三五位客人先后入座，两张大桌满员。其中老主顾兼酒友，推杯换盏，好不热闹！窗外大雪纷扬，室内气氛热烈，炭香肉香酒香掺杂着韭菜花的咸香。锅内汤水鼎沸，桌面人声嘈杂。在这儿，正襟危坐、温文尔雅、窃窃私语，皆不宜且难行；须入乡随俗，客随主便；呼朋引类，高门大嗓；连吃带喝，边涮边聊；胸胆开张，酒酣耳热。唯此，才能脸上淌汗，浑身舒泰。用津门食俗行话说：这叫武吃。至于文吃，那是起士林、利顺德的事儿。在这儿您文吃，那也算"露怯"，不得体，行不通！

三盘肉片，豁然吃光；一瓶直沽，已然见底。Z君海量，豪饮七两；我高举紧跟，喝下三两。分手后骑车疾驶，风雪夜归，酣然入梦，一夜无话。但清晨酒醒，思忆如何回的家，怎么上的楼，都已印象模糊。但平生第一次吃涮羊肉，第一次畅饮白酒的情景，却历历在目……

美味踪

百年永元德涮肉坊
河北区金钟河大街107号海达明园南门底商（与增产道交口）
怀海美食城
红桥区芥园道17号（明华里底商）
大铜锅鑫来顺饭店
南开区华苑路安华里底商

039

熉面筋

熉羊脑

"熉"在这里是动词,属于煎、炒、烹、炸诸种烹饪技法的一种。"独技"源于何时?为何称之为"熉"?一位灶上的老师傅曾向笔者介绍:所谓"熉"就是"微炖"的意思,天津人把"微炖"称作"咕嘟"。天津方言追求简单便捷,于是就把"咕嘟"读成了"熉","咕嘟面筋"就成了"熉面筋"。写菜谱的文人为使它顺理成章,就造出"火"加"笃"的形声字。但在各种字典中均查无此字,计算机字库里更无从查找,不得已求其次,只好用这个"熉"字了。

在天津菜烹饪中,"熉"属于独特技法。本来自身无味无色的主料,烹入调料、高汤后,经小火较长时间咕嘟,使菜肴达到味道醇厚,质地软烂、鲜嫩的程度。其代表菜有熉面筋、熉羊脑、熉羊三样、熉鱼白、熉鱼腐等。仅熉面筋,就有素熉面筋、肉片熉面筋、虾仁熉面筋、虾籽熉面筋等诸多品类。

面筋,又名"麸",其来历有多种民间传说。第一种说法:元末红巾军起义,张士诚属下粮船在兴化得胜的湖中遇风浪沉没。张士诚下令把粮食打捞上来。面粉经湖水浸泡已成浆饼,难以食用。一位厨师发现浆饼并无异味,而且比面团更黏更韧,就试着洗去浮浆,用开水一煮,竟变成肉块似的东西,放在油锅里一炸,再加调料烹制,别有滋味。厨师认为:此物乃面之筋骨,于是以"面筋"称之。

另一种说法:南方某寺庵,原先约定来庵堂念佛坐夜的

天津熉面筋用油面筋做原料。先将油面筋撕成核桃块大小,下开水锅里焯透,捞出控去水分,锅入底油烧热,加大料、葱花、姜丝、蒜片炝勺,煸出香味,放入面筋,加高汤,放糖、甜面酱、香油、料酒、酱油、盐等,小火焙透,挂芡,淋花椒油即成。

熉羊脑是独具天津特色的清真看家菜,其烹制方法与熉面筋大致相同。先将羊脑去血线洗净,入高汤锅中煮透,提鲜去膻,然后切块。要求菜品色泽金黄,口味软嫩、咸鲜、微甜。

几十位居士，不知何故集体爽约。烧饭师太望着为他们准备的素斋生麸犯愁。生麸易馊，过夜就不能吃了。于是，师太先在生麸缸内放盐，然后将生麸揪成小块，放油锅里煎炸。只见锅里一块块生麸膨胀成金黄澄亮的空心圆球，在滚油里乱窜，忙用笊篱捞起。众人一尝松脆喷香，都交口赞好，起名"油面筋"。

面筋分"水面筋"和"油面筋"两种。第一种传说是水面筋，后一种传说是油面筋。面筋主要营养成分是蛋白质，由麦胶蛋白和麦麸蛋白组成。它不溶于水，但经水浸泡后膨胀而富有黏性和弹性，营养价值极高，故有"素肉"之称。中医认为，面筋性甘凉，具有益气宽中、和筋养血、解毒祛瘀的功效。

天津熘面筋用油面筋做原料。先将油面筋撕成核桃块大小，下开水锅里焯透，捞出控去水分，锅入底油烧热，加大料、葱花、姜丝、蒜片炝勺，煸出香味，放入面筋，加高汤，放糖、甜面酱、香油、料酒、酱油、盐等，小火焙透，挂芡，淋花椒油即成。

熘羊脑是独具天津特色的清真看家菜，其烹制方法与熘面筋大致相同。先将羊脑去血线洗净，入高汤锅中煮透，提鲜去膻，然后切块。要求菜品色泽金黄，口味软嫩、咸鲜、微甜。熘羊脑含丰富的抗坏血酸、核黄素、烟酸、硫胺素、卵磷脂、脑试脂、蛋白质，脂肪，以及钙、磷、铁等微量元素。其味甘性温，具有补虚、健脑安神、填髓润肤的功效，对体虚头昏、皮肤皲裂、筋伤骨折等症均有疗效。

若将羊脑与羊脊髓、羊眼相配，可烹制成李鸿章最喜欢吃的清真大菜——"熘羊三样"。

情有独钟烩面筋

张晓悦 自由职业者

童年时我和妈妈一起在面盆里拍打面粉洗面筋的情景，在记忆里始终鲜亮如初。每逢过年，妈妈总要和上一盆面，浇上水，然后用手不停地搓打面团，反复揉抓，直至沥出面粉，洗出水嘟嘟白蓬蓬的面筋。妈妈说，自己洗面筋虽麻烦，但实惠干净。如今生活节奏加快，自己洗面筋，基本绝迹了。

一小撮生面筋放在热油里，立即膨胀成一朵空心花。油面筋在开水里能快速浸沥出肥腻，脱离脂肪和皮肉(面粉)后形成的面筋，可谓去尽皮毛独留筋骨。在烹调中可与肉片、虾仁、黄瓜、胡萝卜片、木耳等搭配，随荤就素，丰俭自如。

作为天津传统老菜馆，红旗饭庄的烩面筋，同炒青虾仁、醬蹦鲤鱼、干贝四丝、银鱼紫蟹火锅等并列为津菜品牌主打菜。自打在红旗饭庄吃过烩面筋后，就对它情有独钟了。本人虽厨艺不精，但常在家里一试身手。久而久之，烩面筋跻

身为待客 "招牌菜"。

烩面筋的 "烩" 是一种烹饪方法,就是 "微炖" 的意思。天津人把 "微炖" 称作 "咕嘟",进一步简化为 "烩"。烩面筋就是咕嘟面筋。

咕嘟就是微火慢炖,使之烂软入味。将油面筋切(或撕)成大块,放在开水里煮一小会儿,以去油分,捞出控去水分。炒锅内放少许油。待油热后放葱米姜末蒜片炝锅,随即放入焯好的面筋,加料酒、酱油、糖、盐和高汤,微火咕嘟约三五分钟。浇水淀粉,淋明油(香油)出锅。烩面筋宜趁热食用,口感绵软嫩滑,老少皆宜。

用心做菜,心无挂耐,精致细腻的爱心将随之而生。用心品尝佳肴,神清气爽,对人生的品味将由唇齿跃入心田。

美味踪

利德福饭庄
红桥区西青道111号
羊上树
红桥区丁字沽三号路（近本溪路）
鸿顺德
和平区升安大街（近荣业大街）

040

芫爆散旦 扒海羊

三十多年前，走进回民食堂（那时不许有老字号，统称"饭馆""食堂"），总能见到墙上挂着价目表（那时也不兴菜谱菜单）标有"爆散旦""扒海羊"。对这两款菜，一头雾水，搞不懂"散旦""海羊"竟为何物。对此始终萦绕于心，等攒足了钱，再次走进回民食堂，高声点菜，但服务员告之："对不起，散旦、海羊没货，做不了。"

改革开放后，信息畅通了，这才弄明白：扒海羊里根本就没有什么"海里的羊"。"海"是海八珍的鱼翅，"羊"是羊杂碎中的精品羊八样，"海"和"羊"同烹于一盘，是为"海羊"。扒海羊是天津清真传统宴席大菜，有"清真第一大菜"之称。相传此菜发源于天津鸿宾楼饭庄，将宫廷全羊大菜和天津特色扒鱼翅合二为一发展而来。主料为上等山羊的蹄筋、脊髓、脑、眼、葫芦、散旦、舌、肚板等"羊八样"和金钩鱼翅。根据羊八样原料质地的不同，分别用不同火候煮熟。再改刀切成3厘米方块，用开水焯透；用鸡鸭油、葱姜爆勺，烹料酒、酱油，加入高汤，熬成汁后，捞出葱姜，留一半汁烧鱼翅，另一半汁中下"羊八样"烧焙入

芫爆散旦要求清水清洗掉散旦每页草芽黑皮，以保证烹制后的菜肴色泽美观；通过洗、炒、煮，去掉散旦本身的味道，加作料煮熟为半成品。

扒海羊里根本就没有什么"海里的羊"。"海"是海八珍的鱼翅，"羊"是羊杂碎中的精品羊八样，"海"和"羊"同烹于一盘，是为"海羊"。扒海羊是天津清真传统宴席大菜，有"清真第一大菜"之称。

味，放盘中打底。然后将鱼翅下锅，勺放汤汁，小火㸆入味，盖在"羊八样"上。

　　散旦，也称"散丹""散单"，亦称"百叶"，是羊肚的一部分。取其形似，称之"百叶"，这好理解。但为什么叫"散旦"，是否为阿拉伯语译音呢？也有人讲，因散旦遇热水会卷缩，状若"羊蛋"（羊睾丸），故名（不是完整的无缝的羊蛋）。

　　羊是反刍动物，有四个胃，不同部位有不同的名字。羊胃最上面是"食信儿"（食管），"肚板"紧接食信儿，部位最大。肚板有两大块，薄者称为阴扇，厚者称为阳扇。阴阳扇之间最嫩的部分为"肚领"，类似衣领。肚领去皮称为"肚仁"，体积很小，是羊胃最嫩最好的部位。再往下是"葫芦头"。胃里面是"散旦"（牛胃此部位称"百叶"），是羊的小胃，是除肚仁外比较嫩的部位。羊胃下部俗称"肚蘑菇"，与羊肠相连的一段较细小的叫"蘑菇尖"。此外，还有草芽儿等等。

　　爆散旦，分"芫爆""水爆"，所谓"芫爆"，就是芫荽（香菜）爆；所谓"水爆"，就是水爆肚(参见本书《涮羊肉水爆肚》)。

　　芫爆散旦的烹制方法：用适当温度的清水清洗掉散旦每页草芽黑皮，以保证烹制后的菜肴色泽美观；通过洗、炒、煮，去掉散旦本身的味道，加作料煮熟为半成品。改刀成段，顶刀切成细条，放入开水中焯透，再用高汤、绍酒、姜汁煮过。香菜打叶留梗，切段备用。葱姜炝勺，烹绍酒、高汤，下入加工好的散旦，放盐、鸡精入味，待汤汁收尽，加入白胡椒粉、香菜梗、香油、蒜汁、白醋拌匀即可。颜色白绿相间，口感咸鲜，微辣清香。

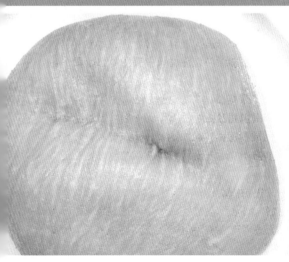

马连良津门夜宵

郭凤岐 天津史学家、方志专家

清末和民国时期的天津，戏剧舞台繁花似锦。当时流传着一句话：北京学戏，天津唱红，上海赚钱。各位名家纷纷到天津登台献艺，其中，马连良便是天津剧坛一颗熠熠生辉的明星。他独创的美、巧、帅、俏的艺术风格，令天津观众耳目一新。

1925年7月，中国红十字会天津分会举办救济陕甘难民义演，24岁的马连良，随同杨小楼、梅兰芳、程砚秋、韩世昌来津，马与程合演了《审头刺汤》，受到观众赞美。此后，马连良驰骋天津剧坛36年，赢得"南麟北马"的赞誉。1936年9月19日，天津中国大剧院举行开幕典礼，马连良为剧院剪彩，在开场时亲自加演《跳加官》，并带领扶风社连演十日，票房十分火爆。

马连良习惯坐夜车从北京来津。一般住在惠中饭店。20世纪20年代，北京开出了"蓝钢皮"火车，21时50分准时到达天津。彼时，老火车站项家胡同西口外，有一个清真饭馆，马连良每次到津，这个饭馆的一个穆姓"跑堂的"必在出站口迎接。

"跑堂的"一见马连良带着跟包的出来，道过辛苦后，就把他们领到饭馆楼上。来接马老板的汽车也跟到饭馆门口等候。这时，已经给马连良准备好了一桌夜餐。有炒虾仁、砂锅炖、爆三样、片汤等，还有两个烧饼和一壶热酒。

砂锅炖（羊肉），是回民的传统菜，主料为羊腰窝肉二斤，调料为酱油、大料、葱段、姜片、花椒、五香料、香油、大盐、甜面酱、料酒、汤。其刀工是：将羊腰窝肉洗净，切成一寸见方，用凉水把血水拔净，约泡二至三小时。烹制方法是：勺底打香油，油热后，炸大料瓣、葱段、姜片，炸面酱；待炸出香味，便烹料酒、打汤，把汤倒入砂锅，羊肉块下入砂锅中，然后上火，见大开后撇去血沫，下入五香料、花椒，微火炖至七八成烂，再下酱油、大盐，继续炖烂，最后拣去大料、五香料，即可上桌。这样的砂锅炖，羊肉软烂，味极清香，可当饭菜。

爆三样，是天津的地方风味菜。主料有：羊腰、羊里脊、羊肝，调料是：蒜末、花椒油、精盐、酱油、料酒、醋、葱和姜丝、水淀粉、高汤、蛋清。刀工讲究：将羊腰去皮，一片两半，挖去腰臊，坡刀切成薄片；将羊里脊洗净，去筋，切成柳叶片；羊肝切成柳叶片。

烹制技术是：将羊肝、羊里脊、羊腰同放一碗内，加盐、淀粉，打入蛋清，搅拌均匀。然后勺里倒香油，用六七成热油，把三样同时下勺，用筷子打散，炸熟，把三样一起倒入笊篱内控油。接着，把三样返原勺，下葱丝、姜丝、蒜末，颠个，烹料酒、醋、酱油，打汤，颠炒两下，挂芡，淋花椒油，出勺。其特点为：里脊嫩，腰花脆，肝香，鲜咸，有较浓的蒜香味。

清炒虾仁，选用尽量新鲜的虾仁，冻虾仁要看品相好不好。将虾仁一个个挑去虾线，反复洗几次到水不怎么混浊为止，尽量挤干虾仁上的水分。加上适量的黄酒、水淀粉，与虾仁一起拌匀，拌好的虾仁下面不出水为好。准备炒时，在虾仁内拌入适量盐，热锅冷油，快速滑炒到卷起、变色就好了。其特点是：如水晶，吃时弹牙，清香可口。

美味踪	庆发德蒸饺	红桥区西马路20号
	鸿起顺	河西区大沽南路668号
	利德福饭庄	红桥区西青道111号
	宴宾美食城	南开区红旗南路332号

红锅白锅

041

羊蝎子

这里说的红锅白锅，并非川菜鸳鸯锅，乃"清汤"与"酱汤"之分也。

羊骨，一般分为头骨、脊骨、肋骨、胫骨和尾骨。酱羊骨或清汤炖羊骨所用主料通常选用羊脊骨，天津人称之为羊骨头，俗称"羊蝎子"。羊脊骨细长多节，上宽硕而下尖细，状如蝎子，故名。

羊蝎子结构复杂，骨多肉少，中间有骨髓。靠骨肉质地鲜嫩，肉味醇厚；骨髓滑腻，髓香四溢。吃羊蝎子，不重在吃肉，其魅力在于：一吸髓，二啃骨。经验老到之食客，熟悉每一节羊骨的构造，似庖丁解牛，下筷准确，一箸中的，稍一用力，便骨肉分离。而笨拙者，遇上欠火候的羊蝎子，便不免受到"气死狗"的调侃。

酱羊骨制作分为六步：剁、洗、泡、煮、炖、焖。先将羊脊骨按骨节剁块清净，开水翻泡，去除血

酱羊骨制作分为六步：剁、洗、泡、煮、炖、焖。先将羊脊骨按骨节剁块清净，开水翻泡，去除血污。然后放入开水锅里，同时放入调和羊骨燥热且有益健康的多味中药材，以及调味辛香的作料。大火再次烧开后，放入老汤和黄酱，改微火酱焖至酱香入味。其成品色泽酱红，骨松不脱，肉烂不落，髓香浓且肉香溢。

污。然后放入开水锅里，同时放入调和羊骨燥热且有益健康的多味中药材，以及调味辛香的作料。大火再次烧开后，放入老汤和黄酱，改微火酱焖至酱香入味。其成品色泽酱红，骨松不脱，肉烂不落，髓香浓且肉香溢。回汉两族有嗜此不疲者。虽为大众美食，却也成经典大菜，可登大雅。

十几年前，河南新乡兴起"红焖羊肉"热，一时风靡大江南北。红焖羊肉以羊肋排为主，红焖制成，肉香微辣。食客吃罢羊肉，可就红焖汤料涮各种蔬菜和牛羊肉片等，先吃后涮，风味独特。

天津一带涮馆，将一锅白汤羊蝎子呈现在食客面前，既可品尝羊蝎子美味，又可饱享涮羊肉之乐趣。综合涮羊肉、酱羊骨和红焖羊肉三者之特点，可谓在继承基础上的创新。

登堂入室羊蝎子

张春林 演员、主持人

羊蝎子是羊脊骨的俗称。卖酱羊蝎子的本来是不进屋的，属街边砂锅、马路餐桌"专供"美味。过去，酱羊蝎子是平民美食，5元钱一小盆儿，十几块蝎骨，差不多是一整副羊脊骨的五分之三强，物美价廉。酱羊蝎子味美酱香浓郁，贴骨肉香而不膻，关节部分筋肉附有胶质，口感独特。最最让人抵制不住诱惑的是羊骨髓。脊骨骨髓优于棒骨骨髓，是造血干细胞和大脑神经的营养供应源，是整只羊精华中的精华。所以，人们啃羊蝎子虽累，但乐此不疲，重点就在于这一点点羊脊髓。天津人认为"吃嘛补嘛"，常吃羊蝎子骨髓可以添精补髓。

在市容大整顿之前，马路餐桌盛行。丁字沽三号路与本溪路交口的夜市，马路两侧餐桌一家挨一家，绵延一里许。晚饭连夜宵，下中班的刚走，夜场欢歌的夜猫子尾随而至，天边泛了鱼肚白，啃羊蝎子的食客才尽欢而散。但国际大都市容不下马路餐桌，执法城管将马路餐桌扫荡一空，恢复了市容市貌，却馋坏

了羊蝎子食客。

敬业的本溪路影院领导班子看准商机，辟出影院多余空间，创办"羊上树"酱羊骨美食餐厅，将羊蝎子请进屋，开创了酱羊蝎子荣登大雅之堂的先河，也堪称津门一绝。

羊上树老板是美食大家李渔的忠实粉丝，深谙"野味之逊于家味者，以其不能尽肥；家味之逊于野味者，以其不能有香也。家味之肥，肥于不自觅食而安享其成；野味之香，香于草木为家而行止自若"的道理，不远千里专选口外内蒙古锡林郭勒草原定点供应的小尾寒羊的脊骨酱制羊蝎子。为保证脊骨骨肉比例合理，羊上树特意出高价，请求宰羊师傅"刀下留情"，让食客啃骨、吃肉、吸髓三不误。

羊上树上午10点开张，次日清晨5点打烊。昔日馋得滴流乱转的，嗅觉灵敏得很！他们闻风而动，呼朋引类，呼啸而来，也随羊蝎子进了屋。正是：告别马路登堂去，入室羊蝎上层楼。

美味踪

羊上树
南开区南门外大街406号
鸿顺德饭庄
和平区升安大街（近荣业大街）

042 馇鱼馇虾八大馇

泱泱中华，自鸭绿江口至北仑河口，海岸线长达18000千米，再加上5000多座大大小小的岛屿，海岸线总长32000多千米。依海而生、靠海吃海的渔民不计其数。在天津东南方向海岸边的渔民，发明了一种海鲜烹饪的特殊技法——"馇"。

据史料记载，约在两千多年以前的秦代，天津东南沿海的汉沽地区就有人群居住。当时这一带地界，俗称为"小盐河"。此地先民以制盐为生，饮食以粗粮及海水煮鱼虾为主。时光荏苒，这种原始的熬煮烹调技法不断完善，在借鉴北方民众将熬煮饭食称为"馇食""馇饭"的基础上，将其熬煮烹饪技艺冠名为"馇"。以馇技烹饪的河海鱼虾被称作"八大馇"，成为当地著名的特色美食。

滨海新区文联副主席、汉沽作协主席王玉梅对八大馇有简明扼要的概述："'八大馇'是馇海鲜的总称，它其实不局限于八种海产品，凡是能适应馇的技法的菜品统称为'八大馇'。但通常的说法为两种，一为：馇梭鱼、馇刺鱼、馇虎头鱼、馇海鲇鱼、馇墨斗、馇蚰子、馇麻线、馇白虾。二

八大馇是馇海鲜的总称，它其实不局限于八种海产品，凡是能适应馇的技法的菜品统称为'八大馇'。但通常的说法为两种，一为：馇梭鱼、馇刺鱼、馇虎头鱼、馇海鲇鱼、馇墨斗、馇蚰子、馇麻线、馇白虾。二为：馇鱼、馇虾、馇墨斗、馇海螺、馇蚰子、馇八带、馇蚂蝶、馇麻线。前者是个性提法，后者是综合提法。

为：馇鱼、馇虾、馇墨斗、馇海螺、馇蚆子、馇八带、馇蚂蝶、馇麻线。前者是个性提法，后者是综合提法。"这让云里雾里的外地人，对八大馇有了比较明确的认识。

八大馇的制作有极鲜明的特色。最初的馇法是用海水煮新鲜的海产品，对海鲜原料的选择不要过大，以长不盈尺者为首选；处理时不刮鳞、不去腮，不挖内脏，只洗净即可。由头到腹，由肠到骨（鱼刺），无一舍弃，保持外形完整，营养不流失。制作（不是"烹制"）时不加任何调味料，比较原始。经多年演变，馇技不断发展，在保持传统制法的基础上，加入花椒、盐、大料、葱段、姜块（用刀背拍散）、蒜瓣、干辣椒、料酒、虾油和当地的卤汁等作料，熬成汤。开锅后，放入原料，汤要漫过原料，以便熬煮。大火熬煮至原料断生，改文火慢馇煸酥，至汤微少，原料头、尾翘起，刺酥软，馇海鲜味弥漫时关火。不开锅盖，原锅原汤，汤汁包裹原料，自然形成凝冻状，拣出葱姜蒜等作料，以凉菜上桌。夏季可保持七天，冬季则三个月不变色、不变味。

八大馇的特点是：馇鱼体形完整，根根如棒，咸香爽口，肉坚咬口好；馇虾味道鲜美，亦酒亦饭；馇墨斗酥软酱香，有籽为上品；馇海螺滋品其香，肉美汤鲜，人间美味；馇蚆子鲜嫩无比，堪称经典；馇八带味道别具一格，馇味最为突出；馇蚂蝶秋季单产，物稀为贵，高营养价值，富含G蛋白；馇麻线产量高，经常食用有提高免疫力之功效。

名不见经传的民间小吃"八大馇"，差点成为皇宫御膳贡品。清光绪二十一年（1895），在小站练兵的袁世凯，在时任天津海关道的盛宣怀陪同下，视察天津盐业产区。在宴会上，对汉沽八大馇赞不绝口，提议进贡到清廷御膳房。后虽因甲午战争失利、社会动乱、皇室式微等诸多原因，袁世凯这个提议未能实现，但一时被传为佳话。

夜品蔡堡八大馇

刘利祥 律师、广播电台主播

为了一次胜利的团聚，伴随着晚霞暮色，我们一路向东，杀向滨海新区汉沽，从华明到中新生态城，从天化到茶淀，从河西到大田，直奔中心渔港——蔡家堡（念pù，当地人称"菜铺儿"）。

汉沽最东端是洒金坨，而离海最近的当属蔡家堡，近得在村里你能吹到新鲜的海风，迈出一步你就可以与渤海湾近距离接触。曾闻民谣："蔡家堡十八家，棒子面饽饽馇小虾"。相传明朝燕王扫北回归途中，十八名士兵在此安家形成村落。说的是蔡家堡的历史，我却还以为是这有十八家海鲜餐馆。只因为到达的太晚，这一切美丽的景致都无暇赏玩，而由"海鲜第一家"里别具特色的"汉沽八大馇"代替。

因来去匆忙，上菜神速，吃喝尽兴，大有"温酒斩海鲜"的架势，愣没听清报菜名。好多菜在市里从未见过，看着汁色深，闻着海香浓，嚼着肉劲足，咂着口味怪。席间我提及著名的汉沽八大馇，当地朋友噗嗤一笑，指着桌上那道怪菜说："你刚吃的就是八大馇。"歪打正着品到它。无论哪种馇海鲜，最大的特点就是一个字——"咸"，简直是用海鲜做的咸菜。一口咬下去，不想喝白水，也想啃馒头。这馇海鲜头次吃甚至很难接受，简直能嚼出大盐粒儿，但经回味，咸得鲜美、咸得出味、咸得上瘾、咸得口木舌麻、咸得特立独行。说嘛您得试试。

　　严格讲，八大馇产自远离天津市区的汉沽，不应列入"天津味儿"，而应称为"津沽味儿"较准确。八大馇代表着汉沽民间饮食习惯，亦是一种民间饮食文化。经过漫长的历史时期，在特定的人群构成条件下，"馇"技便逐步形成，并成为芦台、汉沽、港塘地区的一大特色。其中，尤以蔡家堡的八大馇最为正宗。近年来，伴随旅游文化开发，馇技得以完善、升华，成为可登大雅之堂的一道佳肴。汉沽的朋友说，八大馇指馇鱼、馇虾、馇墨斗、馇海螺、馇蚶子、馇八带、馇蚂蝶、馇麻线，但不止这八种海鲜，"八"是多的意思。只馇鱼就有：馇梭鱼、馇刺鱼、馇虎头鱼、馇海鲇鱼、馇鲅鱼、馇白眼，等等。海螺也有好几种。

　　汉沽的朋友风趣幽默，非常朴实，有渔家的直爽性格，与之交流坦诚愉快。汉沽人说话口音特色鲜明，与唐山相近，与芦台相似却又更容易听懂，拐弯特别多，就像蓟运河蜿蜒的河道一样，而且表示同意都说"嗯那！"汉沽朋友开玩笑说："我们就喝这咸水吃八大馇长大的，舌头都硬了，我们跟市里人说话还悠着点，要是跟当地人说话口音就更浓了。"

　　此行唯一缺憾是太赶落。在夜间的蔡家堡我看到了边防派出所和繁星点点灯光掩映下的渔村。从渔港回来的路上，老几位似乎都喝高了。七拐八绕在黑暗中摸索，我这"活地图"也鬼打墙地在津沽大地上走错了路。进了市区，已近午夜。

美味踪

海泽酒家
滨海新区汉沽铁坨里108号
喜来林
汉沽区大神堂村

043

老醋焖鱼

家熬鱼

天津静海县独流镇位于京杭大运河畔，大运河、子牙河在此合为一流，故名独流。宋代设独流东寨，明代为独流镇，在历史上这里曾是繁华的水陆码头。

焖鱼是独流特产。说焖鱼，就得先说独流老醋，因为没有独流老醋，便烹制不出独流焖鱼。独流素有"醋乡"美誉，所产独流老醋与山西清凉老陈醋、江苏镇江香醋，并称"中国三大名醋"。独流老醋采用传统工艺和配方，精选优质元米、高粱米、稻米、红糖等为原料，经蒸料、糖化、发酵等工艺，制成一般老醋。再将原料酒化制成醋醅，经三伏天翻晒，制成有特殊香味的精醋，称"三伏老醋"。以"固体发酵——两次成熟——陈上三年"的古法酿成的醋，清澈透明，呈琥珀色，风味独特：酱香浓郁、入口软绵、酸而回甜、香味不绝。

民间传说，清康熙二十三年（1684）康熙皇帝乘龙舟经大运河南巡，行至独流码头，闻阵阵醋香，停船靠岸。县令奉上独流老醋，简介制作工艺，皇上品尝后龙颜大悦，封

焖鱼多用鲫鱼，去鳞去内脏洗净，沥去水分；用六七成热的植物油将鱼炸成金黄色；用葱、姜、蒜、大料炝锅，烹入独流老醋、料酒、酱油等调料，再加入高汤，把煎炸好的小鱼推入锅里，加适量的盐、糖；大火烧开锅后，改文火焖制4小时即可。成品鱼形整齐，鱼肉松面，骨刺酥软，富含人体必需的氨基酸和多种微量元素。其色泽酱红，味酸甜略咸，后味绵长，开胃除腻，老幼咸宜，为佐饮佳肴。

天津地处九河下梢，濒临渤海湾，河海两鲜催生了天津人喜吃鱼虾的饮食习俗。天津人爱吃鱼，善做鱼，会吃鱼，家家都有熬鱼行家高手。无论河鱼、海鱼、港（jiǎng）鱼、湖鱼、洼鱼，无不入馔。煎烹麻口鱼、软炸鲫头鱼、清蒸鳜鱼、酒焖龙头鱼、红烧带鱼、氽鲫鱼汤、软熘鱼扇、滑炒鱼丝、侉炖鱼块、香煎鱼米等，凉吃、热吃，就酒、下饭，可菜、可汤，制法多样，林林总总，美不胜收。但归根结底，最具天津传统特色的烹鱼技法仍属家熬。

为贡品。至清末民初，独流镇有大小醋厂酱园十三家，独流醋年产达五六十万斤。

独流焖鱼为何独树一帜，受到交口称赞？"军功章"的一半，当归独流老醋。独流焖鱼取地产鲫鱼，去鳞去内脏洗净，沥去水分；用六七成热的植物油将鱼炸成金黄色；用葱、姜、蒜、大料炝锅，烹入独流老醋、料酒、酱油等调料，再加入高汤，把煎炸好的小鱼推入锅里，加适量的盐、糖；大火烧开锅后，改文火焖制4小时即可。成品鱼形整齐，鱼肉松面，骨刺酥软，富含人体必需的氨基酸和多种微量元素。其色泽酱红，味酸甜略咸，后味绵长，开胃除腻，老幼咸宜，为佐饮佳肴。

独流焖鱼始于何时？相传，清朝末年，独流镇有个叫曹三的厨师，他把当地出产的鲫鱼过油后加独流老醋在文火上焖至骨酥刺软肉面，形成风味别具的独流焖鱼。当时的民国总统曹锟曾专门到独流品尝曹三的焖鱼，吃后大加赞赏。此后，独流焖鱼名传京津。

焖鱼作为一种烹饪技法，不止焖制鲫鱼。独流一带的鱼馆以此技焖制的鲢鱼、鲤鱼、草鱼也很有特色。特别是焖制大型鱼，如大青鱼和有淡水鱼之王称誉的黄钻鱼，均可入味到骨，将鱼鲜味挥发到极致。

在天津，与焖鱼有异曲同工之妙的一种烹鱼技法就是"家熬鱼"，也称"天津熬鱼"，民间简称"家熬"。

天津地处九河下梢，濒临渤海湾，河海两鲜催生了天津人喜吃鱼虾的饮食习俗。天津人爱吃鱼，善做鱼，会吃鱼，家家都有熬鱼行家高手。无论河鱼、海鱼、港（jiǎng）鱼、湖鱼、洼鱼，无不入馔。煎烹麻口鱼、软炸鲫头鱼、清蒸鳜鱼、酒焖龙头鱼、红烧带鱼、汆鲫鱼汤、软熘鱼扇、滑炒鱼丝、侉炖鱼块、香煎鱼米等，凉吃、热吃，就酒、下饭，可菜、可汤，制法多样，林林总总，美不胜收。但归根结底，最具天津传统特色的烹鱼技法仍属家熬。

家熬要用大作料，一改葱、姜、蒜炝锅做法，老姜切成一字形姜丝，大葱断成娥眉葱段，大蒜改刀成凤眼蒜片。特别是甜面酱和酱豆腐的使用，强化了酱香味儿，烘托出鱼鲜味儿。入口咸甜适中，酱味醇厚，鱼鲜回甘，诱人食欲。烹制时，大火烧开，小火慢熬，成菜酥烂，鱼形不散；汤汁浓稠，鱼香四溢；色泽红亮，鱼肉嫩白。

河
海
两
鲜
时
令
菜

王文汉　烹饪大师

王文汉，津菜烹饪大师，天津电视台"美食频道"的老面孔。出生在名厨辈出的天津西沽，生长在北运河边，耳濡目染津沽老事儿、老例儿、老习俗、老食俗。

孔夫子说"不食不时"，包含有两重意思，一是定时吃饭，二是不吃反季节食品。天津人最会吃，最懂吃；吃得讲究，吃得科学。天津是个好地方，位于东经116°42"~118°04"，北纬38°33"~40°15"，正是四季分明的位置。物产随季节走，也是四季分明。这就让天津人祖祖辈辈养成了按时令调整饮食的习惯。"当当吃海货，不算不会过"就是追着时令应时到节吃的最鲜活的例证。

"大嫂大嫂你别馋，过了腊八就是年。"腊八过了，年过了，十五也过了。冰消雪融，大地回春。天津人开始忙着数落新一年的河海两鲜。

没出正月，晃虾最先上市。晃虾，寄生时间短，上市时间短，一晃即逝，故得名。这种虾，不但味道鲜美、肥嫩，而且色泽粉白，犹如娃娃脸儿，俗称"孩儿面"，是名贵菜品。天津人喜欢用晃虾包饺子，或清炒、或烹炸。

"开凌梭"。生长在河海交汇处的河湾湿地潟湖里的一种梭鱼。大海潮起潮落，与河湖此消彼长，形成的水塘为"港"，天津人将此"港"读作"jiǎng"。故此，天津东部靠海地区有很多以"港"为名的地方，如：滨海新大港区的"官港"，津南区的"双港"等。生长在港里的梭鱼称为"港梭鱼"。此鱼秋季大量捕食，经过一冬"净肠"，到春天开河时，鱼肠干净鱼肉鲜嫩肥美，所以称"开凌梭"。吃开凌梭有讲究：用海盐酱腌可以存放较长时间，可以随时享受美味。最讲究的吃法是侉炖，清汤白煮。做成后，先净吃鱼，不加任何作料，品其本味；再将鱼肉蘸姜醋汁，味若肥蟹。喝汤时，也是先喝白汤，品其鲜；再放入醋、白胡椒等作料，吊味去腻。

开凌梭没去，"小麻线儿"上市了。小麻线儿是塘沽北塘海口特产的极细小的虾，富含铁质。天津人因其形而冠其名，是做虾酱的上等原料。上市先品其鲜。最常见的吃法是拌入葱姜末上锅蒸熟，佐饭。最后才是糗成虾酱，供日常食用。据说，北洋直系军阀曹锟寓居天津，最好此口。

小麻线儿过后是"面鱼"。面鱼不是"面"做的"鱼"（山西面食"面鱼"），是一种季节性很强的海产品，鱼身细长，肉呈透明粉红色，满腹颗粒微小的鱼籽，刺软无鳞无肠无沙。首选食用方法是将面鱼与鸡蛋搅匀，摊面鱼托，鸡蛋烘托出面鱼的本真，既保持了鱼的原形，又无半点腥味，鲜美异常。用面鱼打卤捞面亦为上选。面鱼上市只七八天，过时，味道将大为逊色，肉质发暗，刺硬，鱼眼球硬如岩，口感牙碜。有方家将面鱼与银鱼混为一谈，大谬矣。

紧步面鱼后尘的是"白米虾"。白米虾既非海产，亦非河产，乃河海的共同杰作。这时的白米虾皮薄肉厚带籽，白中透粉。滚面干炸，夹大饼吃为上品。

"小鲫头鱼"季节性也很强。鲫头鱼圆头小身子三寸有余，体色黄中泛银色，头中有两小块白色石子（料理时去除），肉嫩如鲜豆腐。清蒸蘸醋吃，鱼肉赛螃蟹。鱼肉包饺子、打卤捞面皆为上品。鱼头剁碎和面炸成丸子，是佐酒小菜。特别是，裹面糊软炸，夹热大饼吃，更是满口生香，鲜美无比。稍后上市的"马口鱼"肉中刺多味鲜，适合油炸葱姜、糖醋烹制。成品酸甜适口，骨肉分离。虽上不了大台面，但是家家必食的美味。

农历四月渤海湾大梭子蟹上市之前，渤海湾大对虾先行上市。渤海湾对虾豆瓣绿色，大者盈尺，一斤只秤两个，故称"对虾"。有颜色湛清碧绿的对虾，多为人工养殖，色深皮厚。

以渤海湾大梭子蟹上市为标志，河海二鲜供应达到一个高潮。老年间，每到大海螃蟹上市时，大清早便有小贩肩挑大蒲包，走街串巷，贩卖海水煮好的海蟹。大者一斤以上的海蟹为"大黄"，七八两重的海蟹为"二黄"，半斤以下的海蟹价格最便宜。一声"大海螃蟹（天津话将"蟹"读成"kai"）来咧"，主持家政的大嫂小媳妇老太太便循声而至。这时，家家户户食蟹忙，各种吃法齐上阵，大啖而特啖。滚滚春雷响过，海蟹开始淌籽，甘之如饴的蟹膏没有了。这时的海蟹，天津人称为"老虎"，家家买来刷蟹籽，晾干后，留做日常做菜，如蟹籽腐竹、蟹籽豆腐等。

海蟹退去，"鲙鱼"上市。鲙鱼是天津人的最爱。民间有："一鲅二鲙三鳎目"之说。意思是，鲙鱼胜过鳎目鱼。这时的鲙鱼赛过长江的鲥鱼，鳞净、肉白、脂香。鱼肉中含很多细密的小刺，吃时颇费工夫。大户人家有家厨，红烧或清蒸后，用镊子将鱼刺钳出；穷苦人家多用盐码制，做成"一卤盐"的半腌制品，保鲜存放，慢慢享用。

春深夏初，浅海的"峰尖儿"上市。"峰尖儿"属比目鱼的一种。老天津人观其形呼

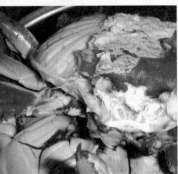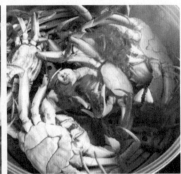

其名，接济百姓饭桌。跟着是体形宽厚个大的"左口鱼"和体形稍小的"偏口鱼"跃上百姓餐桌。

最肥最美最鲜当属伏天的"鳎目"。此为比目鱼类中的极品，老天津人俗称"大雅偏（"偏"在这里读去声）"。炎炎数伏，乾隆帝东巡河防，驻跸天津城北万寿宫，御膳由一街之隔的聚庆成饭庄供奉，在进膳中尤以烧目鱼条色香味形俱佳，主料金黄，白、绿、棕三色点缀其间，色泽明快、口感酥脆、肉质细嫩、汁包主料，咸甜略酸。乾隆品后大悦，为此特地召见厨师，封赏其五品顶戴花翎，并御赐黄马褂。特将此菜名前冠一"官"字，便成了天下独此一味的"官烧目鱼条"，名列天津菜中的看家菜。俗话说"三分在手艺，七分在原料"。若不是当令的鳎目鱼，再好的厨师，也未必能做出博得圣上欢心的菜品。百姓家最平常的做法是猪五花肉熻鳎目鱼。鱼借肉香，肉借鱼鲜。民谚有"鳎目炖肉，越吃越有"之说。

"秋风起，蟹脚肥""七尖八团吃河蟹"。河蟹喜食稻田里的杂草和芦苇的肥根嫩芽，所以水稻田和苇塘里的河蟹最肥。天津七里海万亩苇塘，地处潮白河近海口岸边。这里的河蟹，在靠近海口的水中育苗，返游回七里海生长，称"两河水"（河海混水）河蟹，是河蟹中的极品。丰产时节，七里海的河蟹硬蟹壳下膏体充盈好似软壳，故称"双壳蟹"。要论个头大，还得是"北河（北运河）捯子"。北运河古称"御河"，从北京方向下来的水，多为山泉，水清甘洌，水大流急。这里的河蟹吃河中的小鱼小虾，体大肥硕，个体多在半斤以上。岸边的百姓下网捕蟹，使用一种一根长绳下系有数十个小网兜的特殊网具，俗称"捯子"。所以，捕上来的河蟹也随网具名而称为捯子了。

随着秋染菊花黄，还有一种时令河鲜蹦上百姓餐桌——"秋刀鱼"。北运河的秋刀鱼个大体厚，老天津人俗称"纤板刀鱼"。意思是说：秋天的河刀鱼，长及一尺，厚及一寸，宽有成年人四指宽，个体似纤夫拉纤的纤板。码盐炸制，卷热大饼吃为最。

深秋时节北风起。家家要吃"肥鲤鱼"。鲤鱼有秋食冬储的习惯。秋天多多进食，以备过冬。这时的鲤鱼最肥美。醋椒鲤鱼、一鱼两吃、红烧、家熬样样好吃。庚子年间，八国联军侵占天津，纵兵行抢。流氓地痞趁火打劫后，来至"天一坊"大吃大喝。叫茶时，误将"青虾炸蹦两吃"呼为"酱蹦鱼"。侍者为之纠正，叫菜人恼羞成怒，欲要闹事。老"堂头"（服务员领班）赶紧跑来解围说"此侍者新来不识"，随后责其入告灶上。灶上大师傅正一头雾水，堂头择大活鲤进来，嘱"宰杀去脏留鳞，沸油速炸，全尾乍鳞，捞出盛盘，备

糖醋汁待用"。油炸鲤鱼放到顾客面前，乍鳞摆尾，造型美观；糖醋汁浇上，"吱吱"作响，鱼香作料香香气扑鼻。鱼肉脆嫩鲜美，鱼鳞鱼皮大酸大甜。一场大难随风而过，从此诞生了一款天津独有的名菜——罾蹦鲤鱼。天津美食史家陆辛农诗云："北箔南罾百世渔，东西淀说海神居。名传第一白洋鲤，烹做津沽罾蹦鱼。"

立冬时分，南北运河海河子牙河交汇的三岔河口盛产的"银鱼""紫蟹"上市了。紫蟹是河蟹类中的稀有品种，中伏末伏甩籽，立冬前后出水。紫蟹大如银元，小似铜钱，但蟹黄饱满肥腴，腹内洁白没有半点泥沙，肉嫩味鲜。天津人多用紫蟹做火锅食用。紫蟹俗称"油盖儿"，天津名馔"油盖儿茄子"即是紫蟹与茄子烧制的佳肴。

老天津人称银鱼紫蟹为"冰鲜"。清代诗人崔旭在《天津百咏》中写道："一湾卫水好家居，出网冰鲜玉不如。正是雪寒霜冻候，晶盘新味荐银鱼。"听老师傅讲，银鱼比紫蟹出水晚，鱼体呈圆柱形，无鳞，全身透明，光洁如玉。银鱼长约7寸，通体一条软骨，刺少而细软，鱼腹清净可见脏腑，食时不必破肚，绝无鱼腥味儿。如果把生鲜的银鱼放置桌上几条，满室即会充盈着黄瓜香气；银鱼熟后鲜嫩异常，清香外溢。天津人的通常吃法，是将整条的银鱼蘸蛋清，入油炸，外嫩黄而酥脆，内雪白而鲜美。天津产的银鱼有两种。一名"银睛银鱼"，鱼眼为黑圈白珠，这种银鱼在太湖地区亦有出产。另一种名"金睛银鱼"，黑眼圈金眼珠，极为罕见，唯有天津一地出产，但现在已经绝产。

天津人好口福，一年四季鱼虾不断。海产的黄花鱼、带鱼、鱿鱼、鲁鱼、海鲈鱼、墨斗鱼、海螺、蛤蜊等等，另有津门海味三奇——西施乳、江瑶柱和女儿蛏。河产的鲫鱼、鲢鱼等，数不胜数。

林语堂大师谈中国饮食："每岁末及秋月成钩，风雅之士如李笠翁者，照他自己的所述，即将储钱以待购蟹，选择一古迹名胜地点，招二三友人在中秋月下持蟹对酌，或在菊丛中与知友谈论怎样取端方窖藏之酒，潜思冥想，有如英国人之潜思香槟票奖码者。只有这种精神才能使饮馔口福达到艺术之水准。""当当吃海货"的天津人，比之李笠翁如何？天津人个个是李笠翁。

"物华天宝，人杰地灵"，体现在极富地域特色的烹饪上：物产决定菜品，菜品决定菜系——这也符合人类社会发展的客观规律。独特物产，是地域菜品的基础，菜品的丰富和制作的成熟，就逐渐形成与众不同的菜系。天津菜最典型的特色，就体现在河海两鲜"时令菜"上。

醋椒鱼 044 侉炖鱼

醋椒鱼与侉炖鱼均为汤菜，品汤吃鱼两不误，为天津传统菜之经典。

侉炖鱼之"侉"，是实在、厚道、豪爽的意思，似欠细巧，但却大气厚重。其风味特点是：在主料形质不变的前提下，汤味鲜美醇厚。家常侉炖鱼通常以鲤鱼、草鱼、花鲢鱼等为主料，天津菜馆的侉炖鱼多用比目鱼（鳎目鱼）和江梭鱼。将鱼切成一寸段放容器中，加料酒、味精、盐、香油入味。然后，外蘸干面粉，裹鸡蛋糊，过油炸成金黄色。葱、姜、蒜片炝锅，放高汤、醋、盐、酱油和炸好的鱼块，旺火顶开，小火炖至浓汤飘香。盛入大汤碗中，撒葱丝、香菜段。汤鲜醇美，鱼肉鲜嫩，原味不散。比目鱼肉纯白，江梭鱼肉白嫩。

醋椒鱼与侉炖鱼口感有别，突出醋和胡椒的酸辣味道，且兼鲜咸，既去腥通气，又健脾益胃。醋椒鱼多用鲤鱼，以秋天金鳞顺拐子为佳，鱼肉肥美，无土腥味。

醋椒鱼多用鲤鱼，以秋天金鳞顺拐子为佳，鱼肉肥美，无土腥味。活鲤鱼宰杀收拾干净，放冷水锅里氽汤至鱼烂汤浓。另起油勺，油热放白胡椒、葱姜末炝爆出香，将鱼汤倒入勺内大火顶沸，放葱段和拍散的姜块、料酒、盐、鱼，大火追小火煨。将鱼搭出放入鱼池，淋香醋、香油，撒葱花、香菜段，最后将鱼汤澄净浇入鱼池内。汤色乳白鲜淳，鱼肉细嫩回甜。此菜重在品汤，原汁原味、清口醒酒，具有顺气理中、暖肚开胃之食效。

活鲤鱼宰杀收拾干净，放冷水锅里氽汤至鱼烂汤浓。另起油勺，油热放白胡椒、葱姜末炝爆出香，将鱼汤倒入勺内大火顶沸，放葱段和拍散的姜块、料酒、盐、鱼，大火追小火煨。将鱼搭出放入鱼池，淋香醋、香油，撒葱花、香菜段，最后将鱼汤澄净浇入鱼池内。汤色乳白鲜淳，鱼肉细嫩回甜。此菜重在品汤，原汁原味、清口醒酒，具有顺气理中、暖肚开胃之食效。

醋椒鱼传入并跻身经典津菜之列，归功于天津名菜馆登瀛楼。这里还有一段鲜为人知的传奇掌故。20世纪20年代，登瀛楼做醋椒鱼师法鲁菜，后经名家指点，使其臻于完美，色、味、形、意俱佳。于是名声大噪，凡到登瀛楼的食客必点此菜。原来，少帅府的醋椒鱼堪称绝活。大厨做醋椒鱼，必在爆锅炝勺之前，先用温油将白胡椒粒焙酥捻散，再下调料炝锅，这样做出的醋椒鱼，汤味鲜醇，胡辣不呛嘴，并将鱼鲜提至顶点。其时，刚卸任北洋政府交通总长的张志潭寓居天津，成为登瀛楼饭庄的座上宾。登瀛楼老板得知张志潭书法精湛，请他题写匾额。张欣然应允，唯一要求是将菜品烹饪技法传授给他的三夫人。张平生爱好美食和京戏，对烹饪之道颇有研究。在与登瀛楼的交往中，将在少帅府中品尝过的醋椒鱼的做法原原本本地传授给了登瀛楼，使之成为登瀛楼的招牌菜之一。

吃鱼

一默（郭文杰）作家

我早先家住陈家沟子，这块地界以前属河东，1918年裁弯取直就成了河北了。天津原本就是漕运码头，陈家沟子是东码头。鱼在这里集散，就是发鱼的鱼市。清末，这一带是非常繁华的街区。这里的繁华几乎都和鱼有关——专营批发的鱼贩子、鱼锅伙，摆摊、担挑、端木盆卖鱼的小贩，在这里终日忙乎、奔波、劳碌，里里外外就是为了一件事儿——吃鱼。

吃鱼，对陈家沟子这一片的人来说，是不可或缺的事儿。这里面的讲究还真不少。几十年前，天一亮卖鱼的就满街吆喝。吃鱼除了讲究应时到节外，并不是不管什么鱼弄过来就吃。吃河海两鲜，还要讲究不同品位。海鱼要分鳎目鱼（比目鱼）、平子鱼、黄花鱼、大王鱼、黄鱼、鲅鱼、刀鱼、快鱼、带鱼、马口鱼、小黄鱼（小鲫头）、海刺挠。河鱼也不少，有拐子（鲤鱼）、鲫鱼、草鱼、胖头鱼、花鲢鱼（胖头鱼改良）、鲢鱼（撅嘴鲢子）、黑鱼、鲶鱼、嘎鱼、银鱼、麦穗鱼、黄瓜鱼——这些鱼是人们常吃的。

这些鱼的家常做法颇有讲究，鳎目鱼比较高档，肉嫩、刺少、不腥、肉厚，讲究在伏天燉鳎目，有人还煨上点儿猪肉，慢火慢炖焙汤，把味慢慢燂进去。做法要先蘸干面上火煎，猪肉炒糖色炖上，作料有大料、醋、黄酒、酱油、酱豆腐、辣椒、花椒、葱、姜、蒜、盐、糖，用面酱炝锅，放鱼再加肉汤，肉煨在一边。没等熟，那味道就引来街坊四邻送来羡慕的问候："炖鳎目了，小日子够熨帖！这味好呀！明天我也炖一条。"

那时人们常吃既便宜又好吃的小鲫头（形似小黄鱼），它肉嫩、口感香，去头熬着吃，一根刺儿，老少咸宜。要是裹上糊炸成焦黄色，擀一点花椒盐，热饼夹上葱丝、面酱一卷，那才叫香！油要是富宗，鱼头都不浪费。把鱼头里一对儿小石头取出，那对"白石头"像老头老婆对着脸。把鱼头剁碎，加点儿面炸成丸子，吃着更香！在我印象里，只有小鲫头是这种吃法。

吃鱼，是陈家沟子新媳妇呈上的第一份考卷。甚至你可以横针不识竖拿线，但要是不会弄鱼、做鱼，那肯定让人笑话，甚至影响婆媳关系。为嘛？您想呀——这块地界人们吃饭离不开鱼，你不会做鱼就等于不会做饭。

清末年间，陈家沟子有一个为鱼而存在的人群，就是"鱼锅伙"。嘛叫鱼锅伙？用现在的话说，就是因为鱼，伙着在一个锅里吃饭。他们垄断从"海下"（海河下游地区）鱼贩用船运来的海鱼，再按他们的价批发给小鱼贩，以从中牟利。陈家沟鱼锅伙主要有安家、高家和刘家。为了抢夺市场，他们大打出手还弄出人命，招来官府介入。再后来，批发鱼才由政府管理。

再说吃河鱼。要说吃河鱼，对陈家沟的人家来说，那是小菜一碟。卖河鱼的随处都是，摆摊的不说，就是挑着挑儿串胡同的，也天天不断。有特色的要数端木盆的，人们简化成"端盆的"。小木盆里平躺着一层小鲫鱼，有点水鱼不会死。串小胡同吆喝着"个个活！活的！"这些端盆卖小鲫鱼的，买主多是熟客。"端盆的"就吃这一片儿，能张婶、王娘的打招呼，其实"端盆的"就住附近，都是老街旧邻。卖完一盆，好回家再盛一盆，常是：猴折跟斗——连上了！

您可别小看这端盆的，就靠这样一盆一盆地端，足能养活一家人。就这个端盆的家也曾出了位大人物，那就是李纯。李纯他爸爸就是靠端盆养家的。李纯十几岁从军，一路高升，最后当了督军。这个穷孩子出身的督军，捐了三所学校，为教育付出很多。现在天津大大有名的庄王府，原来是李纯祠堂。

"蒌蒿满地芦芽短，正是河豚欲上时。"苏轼《惠崇春江晓景》说的是江南吃河豚。那时，天津人也吃河豚，但那不是平头百姓家。百姓吃的还是鲫鱼拐子这样的大众鱼。春天的鲫鱼正肥，公鱼壮实，母鱼满籽。在熬鱼时放水要宽点儿，慢慢煨着进味，肉还嫩软。在鱼肚里填猪肉绞馅，那做出来的鱼味道更肥厚，俗名叫"鲫鱼瓤馅"。

吃鱼是陈家沟子人的生活，也是他们的生计。早年街上有专卖鱼料的小门脸儿，要熬鱼就拿着小碗花上几分钱去买鱼料，煎完了鱼往上一倒料就齐活儿了。靠这几分钱的小买卖就能支撑一家小店儿，养活一大家人——仅由此便可见陈家沟儿人吃鱼之盛了。

河鱼的经典吃法还一种汤菜——侉炖鱼和醋椒鱼。所谓"侉"，在天津话里，是指外行、简单、笨的意思。但侉炖鱼的"侉"没有贬义成分，甚至还有几分明刨暗捧之意。这类汤菜叫用鱼养汤。

醋椒鱼和侉炖鱼的选料，主要用鲤鱼、鲫鱼、草鱼、花鲢鱼，饭馆多用比目鱼（鲽目）和江梭鱼。做法看似简单，但味道不凡。选料唯求其鲜。做法上河鱼和海鱼有区别，河鱼不用提前用料煨，海鱼肉厚腥味重一般要煨，还要上油锅炸。河鱼有的都不煎，直接入汤锅。汤料主要是姜，去腥，暖胃，补中益气，特别在秋冬季节是上好补品。还放葱白、蒜、大料。大火催开改小火炖，煮到肉烂不散。关火放芫荽、香葱，装盆盛汤。

醋椒鱼和侉炖鱼的区别主要在口感上，醋椒鱼在酸辣上增加力度，突出醋和胡椒的口味，胡椒入胃和大肠经，可温肺和胃，醋可消食开胃散瘀。每次吃完此道菜，浑身舒坦，秋冬两季，感受更佳。

天津做醋椒鱼最有名气的当属登瀛楼，据说当初登瀛楼的师傅做此菜时，因为在辣上总是觉得欠这么一点火候，后经高人点拨，这位鲁菜师傅顿开茅塞。经过细心的烹制，此菜几近完美。凡是尝过此菜者无不再来，一时间呼朋唤友趋之若鹜，成就了一段勤行佳话，至今不衰。

美味踪

玉华台
和平区山西路284号
宝轩渔府
河西区环湖中路9号
运河渔村
南开区红旗路169号
友谊北路60号金河购物广场3层

045 八大碗 四大扒

"八大碗"，既不是指一道菜，也不仅仅是八碗菜的组合，而是天津民间传统宴席的菜品组合形式。分为粗、细、高三个档次，另外还有清真八大碗和素八大碗。

扒菜的主料为熟料，码放整齐，兑好卤汁，放入勺内小火煨透入味至酥烂，然后挂芡——用津菜独特技法"大翻勺"，将菜品翻过来，仍不散不乱，保持齐整之状。

在传统天津菜系中，鼎鼎大名的"八大碗"，既不是指一道菜，也不仅仅是八碗菜的组合，而是天津民间传统宴席的菜品组合形式。八大碗由满汉全席演化而来，将铺张、奢华和板滞的宫廷菜系改造成丰俭自选的大众菜品系列，体现出简易、实惠和灵巧的特点。昭示出天津人不仅敢于引进皇城文化，更有本事将其改造成市民文化的气魄、眼光与手段。

八大碗可分为粗、细、高三个档次，另外还有清真八大碗和素八大碗。行话称"长形菜"，其各自分编组合的菜肴具体如下：

粗八大碗：熘鱼片、炒虾仁、桂花鱼骨、烩滑鱼、烙面筋、氽白肉丝、烩丸子、烧肉、松肉等，配芽菜汤，外加四冷荤：酱肘花、五香鱼、拌三丝黄瓜、素鸡。

细八大碗：炒青虾仁、烩两鸡丝、烧三丝、熘南北、全炖、蛋羹蟹黄、海参丸子、元宝肉、清汤鸡、拆烩鸡、家熬鱼等，配三鲜汤，外加四冷荤：酱鸡、酥鱼、叉烧肉、拌三丝洋粉。

高八大碗：鱼翅四丝、一品官燕、全家福鱼翅盖帽、桂花鱼骨、虾仁蛋羹、熘油盖、烧干贝、干贝四丝、寿字肉、喜字肉等。

素八大碗：烙面筋、炸汤圆、素杂烩、炸饹馇、烩素帽、烩鲜蘑、炸素鹅脖、素烧茄子等；

清真八大碗：多以素食为主，牛肉、羊肉、鸡、鸭、鱼、虾都入八大碗之列。

另外，黄焖鸡块、南煎丸子、扣肉、素什锦、侉炖鱼、烩什锦丁、烩三丝、赛螃蟹等可入粗八大碗之列。红烧鱼、全家福、烩虾仁、山东菜、荤素扣肉、鱼脯丸子、黄焖整鸡、罗汉斋等可入细八大碗之列。

八大碗菜系，按四季时令灵活地调配菜品。如，春季用黄花鱼做软熘花鱼扇，用晃虾做炒虾仁，用海蟹做蛋羹蟹黄，用目鱼做高丽目鱼条。夏季在目鱼、对虾、田鸡上市时，皆可入八大碗。田鸡在八大碗中则称汆水鸡。秋季在青虾仁、鲤鱼、河蟹上市时，更换为炒青虾仁、软熘鱼扇、熘河蟹黄。冬季银鱼、紫蟹、野鸭、铁雀上市后，细八大碗制作高丽银鱼、酸炒紫蟹、麻栗野鸭、炸熘飞禽等。

八大碗用料广泛，荤素搭配，技法多样，多采用炒、熘、炖、煮、烩、炸、烧、爆、烙、汆等技法操作，大汁大芡，大碗盛放。

八大碗酒席具有浓厚的天津地方特色。每桌坐八人，凉碟酒肴，六个或十二个干鲜冷荤。主菜八道，清一色用大海碗。八大碗还可拆开单吃，按食客口味自由组合，丰俭由己。旧时饭馆随行就市，灵活经营，曾推出"半桌碟"，即小凉菜配上两个或四个八大碗品种，以满足各类食客的不同需求。据津门饮食业老一辈厨师回忆，当时粗八大碗每桌银元一元二角，细八大碗一元六角至一元八角。

芡汁丰盈的菜品用大碗装盛，用提盒外送时，汤汁不滴不洒，利于保温。旧时办喜寿事，在大院或胡同空场支棚搭灶，请饭馆厨师到家中做八大碗席，这叫"应外台"。平民百姓家里来了贵客至亲，可根据经济条件向饭庄要一桌八大碗，甚为方便。商号商会款待外地老客，也常以八大碗相待，在品尝天津风味菜品的同时洽谈业务，增进友谊。

与"八大碗"配套的另一著名系列，就是"四大扒"。

四大扒是统而言之的泛称，实际上可做成八扒、十六扒……例如：扒整鸡、扒肉条、扒肘子、扒海参、扒鱼块、扒面筋、扒鸭子、扒羊肉条、扒牛肉条、扒全菜、扒全素、扒鱼翅、扒蟹黄白菜、扒鸡油冬瓜等。食客可从林林总总的扒菜系列中，任选其四，即为"四大扒"。民间四大扒多以鸡、鸭、鱼、肉为主。

扒菜的主料为熟料，码放整齐，兑好卤汁，放入勺内小火爆透入味至酥烂，然后挂芡——用津菜独特技法"大翻勺"，将菜品翻过来，仍不散不乱，保持齐整之状。

根据原料、造型的不同，有单扒、盖面扒、拼配扒的区别。所谓"盖面扒"，即辅料垫底，主料盖在上面；所谓"拼配扒"，则是两种以上原料拼合的菜品。依据扒菜调味品及色泽的不同，又有红扒、白扒、奶扒之分。

统而言之，"八大碗""四大扒"属于"超市自选"性质——在众多"大腕"中任选八种，在若干"扒菜"中任选四种而组成的宴席系列。以种类繁多、味正量足、物美价廉、丰俭自如取胜，因此赢得津门父老的欢迎，长盛不衰。

食不厌精水西庄

韩吉辰　红学学者、方志专家

2001年夏天，著名武侠小说作家金庸（查良镛）先生来到天津，第二天就偕夫人来到红桥区，观看了"水西庄全景图"，听取了水西庄研究成果，会见了水西庄查氏后人，尽兴之余，金庸先生怀着对近300年前查氏祖辈的深切怀念，对天津历史名园水西庄的深切怀念，当场挥毫题诗一首："天津水西庄，天下传遗风。前辈繁华事，后人想象中。"

这个令金庸金大侠极为关心的古园林，就是天津南运河畔的水西庄，这座占地百亩的私家园林，建于清雍正元年（1723），扩建兴盛于乾隆年代。创建者是津门巨商查日乾、查为仁父子，均是天津的文化名人。金庸先生现在香港寓所中悬挂的条幅，就是查为仁的遗墨。金庸听到水西庄中的饮食精美，"直追大内（皇宫）"，是津菜的发祥地之一，亦非常感兴趣。

据史书记载，查氏为津门巨富，"集各省之庖人，善一技者必罗致之，故查每宴客，庖丁之待诏者，达二百以上……下箸万金，京中御膳房无其挥霍也。"这些著名厨师是以重金由各地聘请来的，也有查氏子弟在外居官返津时带回来的，使水西庄的餐饮包含了从宫廷到各省的名肴佳馔，并进行融合，成为中华名吃的荟萃之地。

水西庄中"名流宴咏，殆无虚日"，设有规模庞大的"膳房"，大批南北名厨掌灶（先后人员达200多位），争相竞技。制作菜肴以"鲜、嫩、名、贵"为特点，名菜云集，四季有别，令人叹为观止。据记载，有由128道茶点和菜肴组成的"满汉全席"，内有河豚海蟹、蚬蛏鹿脯、黄芽春笋、青虾银鱼等，用料讲究，烹制精美，既具有诗情画意，又有津沽特色。水西庄的美味花样翻新：如

"花糕宴" "紫蟹宴" "白虾宴" "百鱼宴" "河豚宴" "野鸭宴" "紫芥宴" ……

大批文人学士来到水西庄，受到盛情接待，使水西庄名声倍增。精美绝伦的饮食也使南北文人墨客食之难忘，写下大量歌咏水西庄的诗篇。水西庄兴盛达百年之久，对于形成津菜菜系有巨大的影响。金庸先生提到的"前辈繁华事"，就包括水西庄中的饮食文化。

水西庄名声越来越大，甚至惊动了乾隆皇帝。乾隆皇帝在下江南的途中，四次驻跸水西庄，对于水西庄中精美绝伦的饮食赞不绝口，自叹弗及！据记载，水西庄美味佳肴，征服了号称"旅游皇帝"的乾隆及其皇后、大臣以及众随行人员。

乾隆皇帝还留下许多逸闻趣事呢，一次乾隆来到水西庄已值夏季，故意点菜"高丽银鱼"，而银鱼是产在冬季，水西庄名厨灵机一动，用目鱼做原料，改刀加上黄瓜条挂糊过油炸后，味道如同"高丽银鱼"，乾隆食后称绝。此后水西庄更是名闻天下，更有甚者提出"直追大内"来描述水西庄的饮食精美。"直追大内"虽然有些夸张，也反映了水西庄饮食的水平之高。

乾隆皇帝四次驻跸水西庄，有其复杂的背景，具有深远的政治意义。留下的三首御笔诗，后立御制诗碑于水西庄中，盖有御碑亭保护，成为水西庄的又一景观。乾隆首次驻跸水西庄，年仅38岁，正值中年，到第四次驻跸时已66岁高龄。由此可见水西庄的巨大魅力，除了政治、经济原因以外，水西庄中的精美饮食以及醇香美酒，可以说也是重要的原因吧。

水西庄兴盛百年，后来逐渐衰败，许多外地著名厨师决定定居天津，将厨艺传授后人，一些名菜由此流传下来，成为"津菜"的著名代表菜品之一。

令人深思的是，有学者考证后，认为水西庄与《红楼梦》有关系，可能是大观园的原型之一。曹雪芹曾在水西庄避难，因此水西庄中的优美景点和豪华生活被其写入书中，自然也包括水西庄奢侈而有特点的饮食。比如书中描写大观园潇湘馆中有大片竹林，还用鲜嫩的竹笋做菜，可是在北方京津地区，竹子是很难成活的，红学家对此曾疑惑不已。而水西庄中却有数亩翠竹，春天鲜嫩的竹笋可以入餐，"寄语锦缏来岁脱，莫忘烧笋斗春盘"，可见曹雪芹借鉴了水西庄的风景，并将它融入到自己的创作中。

水西庄兴盛百年，对于天津很多方面都有深远的影响。其中，对于形成津菜菜系的影响巨大，由于水西庄早已衰败，史料散佚，尚需要系统深入的研究和挖掘。

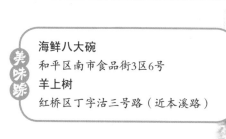

海鲜八大碗
和平区南市食品街3区6号
羊上树
红桥区丁字沽三号路（近本溪路）

四喜丸子

046

扒肉条

四喜丸子和扒肉条是天津春节餐桌的"顶梁柱"，家家必备。现代人受"三高症"困扰，提倡多菜少荤；可是，过节不吃肉，似乎就不叫过节；待客没有肉，就显得不热情。肉菜就像战争中的陆军："解决战斗还得靠我们步兵！"四喜丸子和扒肉条就是"步兵"中的先锋和特种兵。

肉馅做丸子的吃法很多，唯四喜丸子是天津人重大节庆、红白喜事、祝寿庆生、招待贵客之所必备。其制法有讲究：猪肋条肉肥三瘦七，剁馅有黏性，易上劲；冬菇、冬笋、荸荠切丁；将上述原料与鸡蛋液、姜末、酱油、绍酒、精盐、味精、湿淀粉拌匀，做成大小一致的丸子，放入六成热的花生油锅内炸至定形呈紫红色捞出放入碗内；加入酱油、绍酒、八角、清汤放入蒸笼，旺火蒸30分钟，蒸熟蒸透；原汤滗入锅内勾芡成汁，浇在四个一组放在盘内的丸子上。四喜丸子色泽红润，肉香四溢中透着冬菇、冬笋、荸荠的清香味；口感松软适中，加上冬笋、荸荠的脆生，荤中有素，俗中透雅，常中有变。加之"喜"气四溢，四平八稳，令人欣喜不禁。

四喜丸子选用猪肋条肉肥三瘦七，剁成馅，加冬菇、冬笋、荸荠切丁；鸡蛋液、姜末、酱油、绍酒、精盐、味精、湿淀粉拌匀，做成四个大小一致的丸子，放入六成热的花生油锅内炸至定形呈紫红色捞出放入碗内，加入酱油、绍酒、八角、清汤放入蒸笼，旺火蒸30分钟，蒸熟蒸透；原汤滗入锅内勾芡成汁，浇在四个一组放在盘内的丸子上。

扒肉条是天津烧肉的变种，又称"扣肉"。选用上好的带皮硬肋五花肉，先切成长宽各30厘米的方形，煮至六成熟捞出，肉片表面抹糖色，入油锅炸制定色，改刀切火镰片，皮朝下码放碗中，葱姜末、焙煳擀散的大料粉渣撒在肉上，放入料酒澥开的酱豆腐加酱油，上笼屉旺火蒸30分钟，下屉后反扣于盘中。经过煮、烧、蒸等环节不断脱油脱脂，最终达到瘦而不柴，肥而不腻，咸鲜软烂，入口即化的特点。

四喜丸子还隐含着有趣的传说——唐朝张九龄科举考中状元,获皇帝赏识被招为驸马。当时张九龄家乡遭水灾,父母背井离乡,不知音信。举行婚礼那天,张九龄正巧得知父母的下落,便派人将父母接到京城。喜上加喜,张九龄让厨师烹制一道吉祥菜肴,以示庆贺。菜端上来一看,是四个炸透蒸熟并浇以汤汁的大丸子。张九龄询问菜的含意,聪明的厨师答道:"此菜为'四圆'。一喜,老爷金榜题名;二喜,成家完婚;三喜,做了乘龙快婿;四喜,阖家团圆。"张九龄赞许说:"'四圆'不如'四喜'响亮好听,干脆叫它'四喜丸'吧。"从此,婚筵喜宴上必备此菜。

扒肉条是天津烧肉的变种,又称"扣肉",是老天津喜寿婚宴上最常见的"红碗"之一。

做扒肉条要选用上好的带皮硬肋五花肉,先切成长宽各30厘米的方形,煮至六成熟捞出,肉片表面抹糖色,入油锅炸制定色,改刀切火镰片,皮朝下码放碗中。将葱姜末、焙煳擀散的大料粉渣撒在肉上,放入料酒澥开的酱豆腐加酱油,上笼屉旺火蒸30分钟,下屉后反扣于盘中。经过煮、烧、蒸等环节不断脱油脱脂,最终达到瘦而不柴,肥而不腻,咸鲜软烂,入口即化的特点。

若将扒肉条的肉皮炸至焦黄泛起皱褶,据形而称为"虎皮肉"或"虎皮扣肉"。将熟鸡蛋去壳表面蘸酱油炸至金黄起褶,一切两瓣,呈元宝形,"埋伏"在扒肉条底下,则称为"元宝肉"。1987年(丁卯兔年),红旗饭庄的烹饪大师王鸿业,在虎皮扣肉的基础上创新出玉兔烧肉。玉兔烧肉中的小兔是用澄面包裹红豆沙馅雕刻捏塑而成,小巧玲珑,白嫩可爱,与扣肉的金黄色虎皮相映成趣,在垫底的绿色时蔬衬托下,更是赏心悦目,令人不忍下箸。

津沽两道硬磕菜

孙延良　公务员

　　我17岁参加工作就在红旗饭庄。在我的印象中，四喜丸子和扒肉条是点击率最高的传统硬磕菜，特别是扒肉条，每天卖几十碗。

　　四喜丸子的做法相对简单，家家户户逢喜庆事，都要做四喜丸子。另外，肉馅做成丸子的方法很多，平时也可以吃丸子。李世瑜先生在《天津家常饭中的馅子系列》一文中说："丸子类最省事又得吃的莫过于'汆丸子'，把肉馅用勺子或筷子分成一个个的小堆，直接放进开水锅里煮，再加些蔬菜即成。不放在水里煮而用油煎，那就叫'煎丸子'，用油炸就叫'炸丸子'。把一个个的肉馅堆儿放在白菜墩上蒸熟叫'蒸丸子'。……肉馅分成约100克一个的大堆，四个一组先放在油里炸，不必炸透，只是定成丸子形，放在盘子里上蒸锅硬气蒸熟，再勾些汁浇上叫'四喜丸子'。比四喜丸子还大，甚至一个盘子里只放一个大丸子，那叫'狮子头'。精肉切成小碎块（不要剁成末）放生鸡蛋、团粉和匀，分量和四喜丸子或狮

子头相等，放进油锅定形，然后硬气蒸熟，这叫'粘肉丸子'。"天津人创造美食的能力惊人，将四喜丸子里包上煮熟去壳表面蘸酱油炸出褶皮的鸡蛋，丸子蒸熟后，从中间切开，鸡蛋像活灵活现的眼睛，所以人们称"虎眼丸子"或"龙眼丸子"，既美观，又丰富了口感。

四喜丸子和扒肉条为什么受欢迎，除了美味硬磕、经济实惠外，还在于这两种菜可以提前做成半成品，随吃随热，尤其是过春节，人们忙着拜年，哪里有时间大炒大做，无论是自食，还是请客，端出一样一碗，随着蒸米饭蒸馒头上笼屉，一锅出了。所以，每逢春节前，家家户户都要预备几碗四喜丸子、扒肉条。听说九十岁高龄"东口酒席处"的老掌门人俞和洲老先生，至今还在年节时露上一手，做天津的传统年饭给儿孙们吃，丸子一做就是200多个，扒肉条也要做百十碗。可见，四喜丸子、扒肉条在天津人心中的地位。

扒肉条好吃，一在调料调味，没有一定的功力，调不出厚味儿；二是吃功夫，调制好的扒肉条，要长时间微火蒸制，将肥肉中的脂肪尽可能的熝出来，真正达到肥而不腻，肉味醇厚。饭馆里做扒肉条，每天晚上下班前，将大笼屉码上装好碗的肉条，坐在封好的炉子上蹲一夜，转天上班来，第一件事就是打开笼屉，你看吧，每只碗里都汪着厚厚的脂油，甚至，蒸锅里都漂着一层厚厚的脂油。您说，这样做出来的扒肉条能不好吃吗？

美味踪

红旗饭庄
河西区隆昌路68号
红桥区临水道11号
天津菜馆
南开区南市食品街4区20号
惠宾餐厅
和平区卫津路219号

烧四宝 四喜碗

047

烧四宝是天津传统素菜红烧四宝的简称，也是天津家常菜之一。其主料为香菇、草菇、口蘑、冬笋，以菌类为主。这道菜营养丰富，无脂养生，口感咸鲜，主料回甜，脆嫩清口，色泽爽目。

近几年，再度兴起的天津公馆菜忝列天津菜系之中。有一道"姨太四宝"养生菜品声名鹊起，为食客津津乐道。据说民国乱世称雄一时的大军阀，曾出任民国第五任大总统的曹锟，下野后寓居天津，晚年体弱多病，坤伶出身善精厨艺的四姨太刘凤玮心焦如焚，遍访名中医，用鹿茸、牛鞭、鹿筋、西洋参配以老鸡、干贝、金华火腿等原料微火炖制，供曹锟每周食用，极具强体、益气、补肾、延年益寿功效，一时传为佳话。另一道曹府"四喜碗"，更是为今人推崇。

曹锟与四姨太刘凤玮同为天津人，饮食习惯自然相

四喜碗精选上等鸭肉、牛肉、猪肉，按天津传统烹制方法，精制成清蒸鸭条、虎皮扣肉、四喜丸子和清炖牛肉，分装四只精巧的瓷碗中，用木质提盒盛放，巧妙组合，粗犷中透着精细。四样菜品均为天津传统菜，也是天津家常菜中的经典，家家会做，人人喜食。

近，有一种天然的亲近感。刘凤玮自小学戏，先天嗓音洪亮，九岁登台，十六岁便唱红京津。嫁到曹家后，因聪明伶俐，善烹天津菜而备受曹锟宠爱。由她创制的"姨太四宝""四姨太食盒""姨太俏虾球""茶香熏鱼""荷香酥骨鱼"被收为曹家公馆菜经典。特别是从天津八大碗改良而来的四喜碗，巧借流行极广备受收藏界推崇的清代"青花四喜碗"之名，精选上等鸭肉、牛肉、猪肉，按天津传统烹制方法，精制成清蒸鸭条、虎皮扣肉、四喜丸子和清炖牛肉，分装四只精巧的瓷碗中，用木质提盒盛放，巧妙组合，粗犷中透着精细。四样菜品均为天津传统菜，也是天津家常菜中的经典，家家会做，人人喜食。在四姨太指点下，经曹府家厨精烹细作，工艺精准严谨，在不失天津传统菜品质的基础上更上一层楼，使四样菜品不油不腻，味香色美。

曹锟家中时常门庭若市，每有贵客来访，四姨太亲自下厨设宴，其中必不可少的大菜就是曹府四喜碗。此菜流传至今，仍受食客追捧，每客必点。

197

徜徉卫鼎轩，品赏四喜碗

刘彤 自由职业者

顾名思义，私房菜是潜藏的私密性、温馨的家庭氛围和独特的烹制工艺三者的结合。私房菜馆的装潢与格局或堂皇或玲珑，大不相同，但都若隐若现地提供了一个私密空间。私家菜馆掌厨通常只是一两个人，但以口味独特的拿手好菜形成系列而独树一帜。

从民国初年到20世纪30年代，在天津租界蛰居的北洋寓公人数众多，5位大总统、6位总理、19位总长、7位省长（或省主席）、17位督军、2位议长、2位巡阅使等，形成一个特殊的群体。这个实力雄厚且余威尚存的群体，成为颇有影响力的社会阶层。天津公馆菜就是在北洋寓公私家菜的基础上升华而成的。从一般意义上讲，公馆菜自然属于私房菜，但私房菜却不一定都能跻身公馆菜之列。

滥觞于晚清，极盛于民国前期的天津公馆菜，就是寓公家族开发的私家菜，堪为私家菜之翘楚。它有别于京都皇家满蒙遗风的大气，也不同于沪杭私家菜精雕细刻的小巧，而是南北交融，东西包容，雅俗共赏。卫鼎轩就是天津公馆菜的典型代表，以其沉稳的姿态和厚重的底蕴，诠释着都市多元文化的灵秀。

卫鼎轩坐落于鼓楼北门西，这座中欧建筑风格相结合的宅邸，是原北洋政府总统曹锟的故居之一。1924年，曹锟下野回津隐居。当时，他有两个夫人在租界地

居住，起先他与三夫人住在一起，时间不长就搬到四夫人刘凤玮这里，直到1938年去世。

走进曹公馆（卫鼎轩）大门，回廊幽深，槐树葱郁，花园亭台及天井设置的露天座位，令人耳目一新。在这里，人们可以漫步花园，观赏夜景，发思古之幽情。步入餐室，红毯铺地，灯光宜人，装饰雍容，器皿典雅，墙挂曹锟着总统礼服的肖像及百年天津街景的旧照片，恍惚之中将思绪融入历史情境之中。

曹锟出身寒门，戎马生涯，平民气派，为人豪爽，好交朋友，家中门庭若市。每有贵客来访，四姨太都亲自下厨设宴，如鸳鸯鸡粥、烧汁鳜鱼、干烧环虾等皆为精品，其中最享盛誉的招牌菜就是四喜碗。此菜精选上等材料精制而成，包括清蒸鸭条、虎皮扣肉、四喜丸子和清炖牛肉条，各盛入四个小碗，由一精制带柄木盒端上餐桌。这四样菜品均为天津传统家常菜，但经精烹细作，即化俗为雅，跃入龙门。

天津八大碗素以真材实料，硬磕瓷实著称。而由八大碗改良而成的四喜碗，保持了传统烹制方法的精粹，但消除了粗犷与油腻，增添了精致和灵巧。色美、香溢、味醇适口，荤而不腻，雅俗相济。加之菜品玲珑外形的巧妙配伍，美食美器与氤氲氛围的烘托，构成视觉、嗅觉、味觉交融的多方美感，可谓集色、香、味、形、器等众美于一身。于是，四喜碗由平民菜品跃入公馆珍馐极品之列。徜徉卫鼎轩，品赏四喜碗，咀嚼天津城市历史文化，感慨颇多，印象深刻。唯愿与津门好友再度雅集欢聚，清风朗月，诗酒唱和，岂不快哉！

美味踪

卫鼎轩大公馆私家菜
南开区城厢中路鼓楼北街70号
红旗饭庄
河西区隆昌路68号

048

罐焖牛肉 罗宋汤

罐焖牛肉和罗宋汤是俄式大菜之经典，随西餐进入天津，历经百年改良，已为天津食客普遍接受。罐焖牛肉出现在天津菜馆、清真菜馆，即为力证。

严格讲，罗宋汤不是天津人居家常喝的菜汤，而是浓汤、汤菜，是餐前头汤、开胃汤。也可以将罗宋汤当菜吃，撕几块大列巴（俄式面包）浸入罗宋汤中，即成一顿美味。汤少肉多的罗宋汤放进罐形容器里，成简易"罐焖牛肉"，多为家庭制作。

餐馆中的罐焖牛肉内容丰富多彩，除罗宋汤必备的西红柿、番茄酱、番茄沙司、胡萝卜、土豆、洋葱、卷心菜（圆白菜）、西芹、牛肉、香肠（红肠）、奶油、黑胡椒、糖、盐之外，还需加入白萝卜、口蘑、白菜花、豌豆、香菜、豆角、龙须菜、红枣等蔬菜。牛肉有滋补健身的作用，但牛肉纤维粗，有时会影响胃黏膜。与土豆、芹菜、葱头、白萝卜、红枣、口蘑搭配后，不但味道好，且弥补了牛肉的缺点。如土豆含有丰富的叶酸，起着保护胃黏膜的作用。芹菜清热利尿，有降胆固醇的作用。白萝卜富含多种维生素，有清热解毒、康胃健脾、止咳止痢及防治夜盲症、眼病、皮肤干燥等功效。洋葱具有祛风发汗、消食、治伤风、促进睡眠的作用。红枣有保肝、镇静、催眠、降压、抗过敏、抗癌、

罐焖牛肉主要食材有西红柿、番茄酱、番茄沙司、胡萝卜、土豆、洋葱等，还需加入白萝卜、口蘑、白菜花、豌豆、香菜、豆角、龙须菜、红枣等蔬菜。牛肉有滋补健身的作用，但牛肉纤维粗，有时会影响胃黏膜。与土豆、芹菜、葱头、白萝卜、红枣、口蘑搭配后，不但味道好，且弥补了牛肉的缺点。

罗宋汤不是天津人居家常喝的菜汤，而是浓汤、汤菜，是餐前头汤、开胃汤。也可以将罗宋汤当菜吃，撕几块大列巴（俄式面包）浸入罗宋汤中，即成一顿美味。

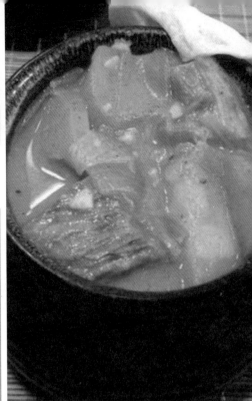

抗菌等作用。口蘑有补益肠胃、抗癌、防衰、延年益寿的功效。此菜的搭配对缺血、脾胃虚弱、营养不良者有一定的疗效。蔬菜品种尽管多，但总量不能超过牛肉。罐焖牛肉还是以牛肉为主。汤汁浓厚，肉味香醇，咸中带甜，甜中飘香，酸甜适口，肥而不腻、鲜滑爽口，令食客胃口大开。配上香喷喷的白米饭，确是人间美味。

　　清末民初，专营俄式糖果糕点的义顺和从东北请来俄式餐饮名厨，推出正宗俄式大菜，顾客盈门。1940年6月，义顺和建成4层大楼的新店开业，同时更名为"维格多利餐厅"，将天津的俄式大菜推向高峰，成为天津西餐界的魁首。1952年，维格多利在原址并入起士林，强强联合，打造出新中国极具影响力的西餐厅。这也揭开了以德、法大餐成名的百年老店起士林里俄式罗宋汤、罐焖牛肉成为招牌菜的谜底。

　　起士林餐厅推出的罐焖牛肉，在2005年国际饮食节上获十大金牌奖之一。这项菜肴是起士林货真价实的菜目，选料肥牛软肋肉，柔嫩味香。牛肉入口酥烂，汤汁鲜美。罐内配有洋葱、胡萝卜、黄油等配料。牛肉汤汁拌米饭，更为可口。

李有华　律师

天津西餐的两道名菜

在外地人的脑海里，特别是北京、上海这些大都市的人，提到天津的印象，大概都是由这些记忆碎片拼凑起来的——天津有三不管儿，是卫嘴子，人人能说会道，撂地说相声，借钱吃海货。单说这天津人讲究的吃吧，似乎也没什么珍馐佳肴，煎饼馃子锅巴菜，麻花炸糕狗不理，全都有点土得掉渣浑不吝的味道，于是一顶"码头文化"的帽子就扣在了天津卫的头上。嘴上客气点说你是很接地气，内心总不免暗含着有点鄙视你"上不得台面"。

其实，这是最典型的误读，要知道天津卫九河下梢、九国租界，嘛世面没见过？！河海文化、城厢文化、寺庙文化、移民文化、军旅文化、漕运文化、商埠文化、码头文化、租界文化、慈善文化……天津的文化包罗万象，海了去了！岂止一个码头文化就能罩得住的。论台面，咱中国最后一个皇帝、第一个总统、开国的总理、当朝的宰相，那都在这片土地上吃过见过，伟大领袖来到天津，也忘不了百忙之中跑趟"狗不理"！得，咱不提这包子了，咱专说说那不土的吧。

与土相对的那就是洋，这洋玩意儿表现在吃上就得数西餐了。这全中国第一家西餐厅就在天津，第一家涉外宾馆也在天津。一百多年前，当北京人还在大栅栏排队买六必居、上海人还在城隍庙起早吃小馄饨、绍兴人还在数着铜子吃茴香豆的时候，天津这地面上的讲究人是奔起士林吃正宗西餐。

说西餐就西餐吧，为嘛还要加上"正宗"二字呢？因为现如今国人吃到的西餐多数都是经过改良的，请个出过洋的甚至就是个吃过洋西餐的厨子就可以升西餐厅了，特别是国内众多洋快餐的引进，让人们对西餐的认识早就大打折扣了。而这天津起士林的西餐那可是原汁原味的，这话绕不开1900年发生的八国联军入侵中国这段历史，这场战争中中国人最刻骨难忘的就是德国人，一来这场战争的导火索就是德国驻华公使克林德被杀，二来德国人瓦德西又担任了联军的总司令，三来德皇威廉二世在派出远征军的时候发表了臭名昭著的演讲。虽然这场侵略战争最终于1901年在天津利顺德饭店签下《辛丑条约》、规定清廷赔款4亿5000万两白银而画上句号，但对八国联军的血债那是永世难忘的。可说来也邪，这其中有一个德国人的名字非但家喻户晓妇孺皆知，甚至跟遭恨都没怎么沾边，他就是起士林的创始人、八国联军里的随军厨子德国人阿尔伯特·起士林。

1901年，战争结束了，估计这厨子也是搂着钱了，就在天津法租界开办以自己名字命名的起士林餐厅，经营销售正宗的德式西餐和面包、点心等食品。接下来的历史演变咱就不絮叨了，总而言之，正宗的西餐就这么进入了人们的饮食生活。

起士林是德国人开的，当然是以德式西餐为主，但这里的招牌菜却是地道的俄式大菜"罐焖牛肉""罗宋汤"，几乎是逢客必点，可见其德、俄、英、法、意五国西式大菜五味俱佳。

吃中餐和吃西餐是有明显不同的讲究的，在这点上只要那么稍微一马虎就会露馅儿。比如中国人进食是以解决温饱为首义，所以我们习惯说"请您吃饭"，这饭是主旨，菜是为下饭服务的，而喝汤是为了"遛缝儿"，因此，先吃饭菜后喝汤是必然顺序。而西餐则相反，先喝餐前头汤，讲究的是先开了胃才有兴致大快朵颐。所以，进了西餐馆不点道罗宋汤就显得不靠谱了。

这罗宋汤其实标准的名字应该叫红菜汤，是典型的俄罗斯风味。早年间中国人说英语全都受上海滩洋泾浜的影响，于是就把俄罗斯的Russian音译为"罗宋"，于是就一直约定俗成延续至今成了罗宋汤。这种鲜甜浓郁的杂菜汤都以甜菜汤为底，然后可以加入各种蔬菜。最简单的罗宋汤只有甜菜、盐、糖、胡椒粉和一点柠檬汁；全乎点儿的添加包心菜、番茄、马铃薯、芹菜和洋葱等。所加蔬菜品类因地因时制宜，例如波兰人常加包心菜和马铃薯，乌克兰人常加番茄，偶尔也有加牛腩或用清牛肉汤做的。成汤后冷热兼可享用。欧洲和美洲人经常加一点酸性稀奶油。注意，人家加的主要都是菜和调料，喝的还是汤，咱天津人不习惯干喝汤，于是就按照锅巴菜、豆腐脑儿或羊肉泡馍的食法把俄式面包大列巴撕巴泡进汤里，一同下咽。这种吃法已相当普遍，甚至流行到老外也入乡随俗了。

光喝汤是解决不了温饱的，天津人讲话得来点"硬磕的"，罐焖牛肉就成了首选。这一菜一汤几乎是人们吃西餐的必点菜品，其实，吃明白了就会发现，这其实是一菜两做。说通俗点，罗宋汤是用汤盆煮出来的菜汤，而罐焖牛肉是把罗宋汤倒进罐里再加牛肉炖。因此，这道西餐大菜不仅是西餐美味，就是在天津的中餐馆、清真菜馆甚至居家厨房也屡见不鲜。当然，说起来简单，做起来还是很讲究的。中式改良后的做法非常简单，有点番茄浓汤加上土豆牛肉就算齐活了。可正宗罐焖牛肉的制法就丰富多了，光罗宋汤里添加的各种蔬菜就能列出十多种，当然种类再多量也不能超过牛肉。罐焖牛肉的主角必须是牛肉，最讲究的是选肥牛软肋肉，柔嫩味香。上桌时罐子口蒙着一层面包脆皮，打开后热气四溢，很烫。汤汁浓厚，肉味香醇，入口酥烂，咸中带甜，甜中飘香、酸甜适口，肥而不腻、鲜滑爽口，除食物本味之外闻不出多余的调料味。汤汁可以轻啜，细品后有股奶香。配上香喷喷的白米饭，确是人间美味。起士林凭借这道罐焖牛肉，一举夺得过国际饮食节的金牌奖，名不虚传啊！

美味踪	起士林西餐厅	和平区浙江路33号
	成桂西餐厅	河北区自由道31号
	里士满西餐酒吧	和平区洛阳道23号

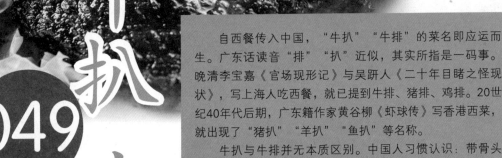

牛扒

049

牛排烤杂拌

自西餐传入中国，"牛扒""牛排"的菜名即应运而生。广东话读音"排""扒"近似，其实所指是一码事。晚清李宝嘉《官场现形记》与吴趼人《二十年目睹之怪现状》，写上海人吃西餐，就已提到牛排、猪排、鸡排。20世纪40年代后期，广东籍作家黄谷柳《虾球传》写香港西菜，就出现了"猪扒""羊扒""鱼扒"等名称。

牛扒与牛排并无本质区别。中国人习惯认识：带骨头的是牛排，反之为牛扒。在美国超市，牛排分类之细，令人瞠目。肉类柜台一溜摆开，导游一一介绍：filet mignon（法文，里脊牛排）、sirloin steak（西冷牛排，即后腰里脊）、T-bone steak（T骨牛排，带T形脊骨的里脊）、New York strip steak（纽约牛排，就是T骨牛排前面还带一块嫩瓜条肉）、Kansas strip steak（纽约牛排的原名）、Porter house steak（大里脊牛排，就是纽约牛排）、ribeye steak（肋眼牛排）、chuck steak（肩肌牛排）、round steak

牛排做法多种多样：有法式、英式、俄式（与德式相类）、意式和美式等，不同之处在于酱汁配方不同，味道有异。美式牛扒与中国人饮食习惯较为接近。我们在西餐馆多见法式和英式牛扒，以煎牛扒、黑胡椒牛扒、沙拉黑椒牛排最常见。无论何种牛扒牛排，都非常讲究火候，把握生熟程度，故有"几成熟"之说。

（后腿瓜条牛排）、rump steak（臀腰肉牛排）、brisket steak（胸腩牛排）、flank steak（腹腩牛排）等等。美国农业部对牛排的品类管制相当严格，不容统而言之或鱼目混珠。

牛排做法多种多样：有法式、英式、俄式（与德式相类似）、意式和美式等，不同之处在于酱汁配方不同，味道有异。美式牛扒与中国人饮食习惯较为接近。我们在西餐馆多见法式和英式牛扒，以煎牛扒、黑胡椒牛扒、沙拉黑椒牛排最常见。无论何种牛扒牛排，都非常讲究火候，把握生熟程度，故有"几成熟"之说：三成熟，肉内部为桃红，热度为130℃~135℃，带有大量血水；五成熟，牛排内部为粉红，带少量血水，夹杂浅灰和棕褐色，整个牛排很烫，达140℃~145℃；七成熟，牛排内部为浅灰棕褐色，夹杂着粉红色，达150℃~155℃；全熟，肉中血水已近干，牛排内部为褐色，温度达到160℃。食客可按自身饮食习惯取舍。

烤杂拌是西餐最普通的一道菜肴，与土豆沙拉、红菜汤、罐焖牛肉、牛扒分列点菜榜前五名。杂拌是中国特色词汇，主料有火腿肠、盐水火腿肠、红肠、蒜肠、午餐肉肠等。配料有土豆、洋葱、芹菜、绿豌豆、甜玉米粒、胡萝卜、西兰花、各种鲜蘑菇、西红柿。成品外形似意大利比萨和天津的枣锅饼。此菜味咸香，五色杂陈，老少咸宜，十分叫座。

奶油烤杂拌，用奶汁包裹主料，突出淡奶和黄油的味道，风味独具，也很受天津食客欢迎。

浓香氤氲话牛排

奚咏梅 摄影家

　提起牛排，我的脑海里立刻浮现出二十年前在西餐厅与它不期而遇时的情景。那时我刚刚参加工作不久，临时需要安排欢迎外教的午宴。考虑到人家大老远从欧洲来，饮食习惯上恐怕还不能马上适应，于是决定找一家正宗的西餐厅，带他们去吃西餐。苏易士餐厅是五大道附近比较有名，而且是当时为数不多的西餐去处。它坐落于成都道上一座独具特色的英式建筑小洋楼内，虽然外观上并不显山露水，朴素甚至略显陈旧，但进到里面却自有一种典雅、华贵的气质。

　提到点餐时一行几人都要客随主便，我这外行不得不代劳。翻看菜单的同时，脑海中尽量检索着有关西餐的碎片记忆。潜意识里老外应该都是吃牛排面包这类东西长大的，点牛排应该顺口，于是我从菜单前几页的图片中随意点了两种。可没想到服务生张口却把我给问蒙了："您都要几分熟？"怎么，这牛排还讲究不全熟的做法和吃法呀！其实作为饮食文化的一种礼仪，西餐中有些功课还真是有必要好好做一做的。就拿这牛排来说，是西餐常见菜中的至尊，西人为之饕餮。英文中的steak一词只是牛排的统称，而不同口味的牛排在选材、火候、配餐、食用方式甚至餐具上都有着细致的分类。

　牛身上不同部位做牛排都有各自专用的名称，如菲力(Filet)、沙朗/西冷（Sirloin）、纽约客（New York Strip）、肋眼(Rib Eye)、T骨(T-bone)、牛小排（Short Rib）等都是西餐厅菜

单中通常标明的几项。至于火候，从一分熟至全熟（Very rare, rare, medium rare, medium, medium well和well done）更是各有各的讲究，初次吃可以选择七八分熟的，适应后再逐步尝试生一些的，含油不多略带血水，也即三五分熟。现如今连中医也比较倡导食用这种牛肉，据说是大补气血。

要是喜欢脂肪较少、瘦肉较多且比较鲜嫩的，可以选择三分或五分熟的菲力；如果喜欢脂肪含量略高，吃起来不那么干涩，细嫩度仅次于菲力的牛肋脊肉，不妨享用沙朗（也称西冷）；喜欢有嚼劲的适合选择运动量较多、肉质略粗一点的纽约客；偏好吃肥肉的不妨选靠近胸部、很少运动到的肋眼牛排，由于其中心部位有明显的油花，煎烤后更能品出牛油的香味；若要兼尝沙朗与菲力两种口味，T骨的牛排自然是最佳的选择。

牛排的配汁也有多种风味可选：奶油汁，红酒汁，胡椒汁，蘑菇汁，黄油汁，茴香汁等，它们对于口味的影响同样起着很大的调剂作用。

后来渐渐开始喜欢上吃牛排，其实更多是被西餐相对固定的口味和优雅小资的氛围所吸引，于纷繁嘈杂中寻得清幽之境，有音乐、红酒相伴，静静品尝源自异域、色香味俱佳的美食，思绪或远或近，渐渐地从中品出不同的滋味来与记忆中的岁月相融。

起士林大饭店
和平区浙江路33号1–4楼
巴塞罗那西餐厅
河西区宾友道10号
成桂西餐厅
河北区自由道31号

美味踪

素鸡素肉

素罗汉

050

《黄帝内经》云："五谷为养，五果为助，五畜为益，五菜为充。气味合而服之，以补精益气。"可见，提倡合理膳食结构，以素食为主，古已有之。

素鸡不是鸡，素肉亦非肉，其主料实为豆制品或面制品，但其色味形意与鸡和肉别无二致，其玄妙在于"素"字。素馔以黄豆为主料，加工成千张、素鸡、香干、豆腐、腐竹、面筋等，以山药、玉兰片、香菇（各种蘑菇）、木耳、发菜、黄花菜、莲子等为辅料，配以应时鲜蔬，精心烹制而成。素菜"三鲜"即蘑菇（各种菌菇）、笋（玉兰片）和豆芽。黄豆芽调制成汤，雪白汁浓，赛过"鸡汁"，即为高汤。

素酱肉以烤麸为"瘦肉"，以熟山药为"肥肉"。将生面筋切成大斜象眼块，放在开水锅中，边煮边推搅，待面筋浮起后，改用微火煮透，捞入凉水中，挤干水分，撕成一寸大的块。再放入八成热的油中，炸成浅黄色，制成"瘦肉"。将熟山药用刀抹成细泥，加入干淀粉、芝麻油、糖、盐拌匀，即成"肥肉"。山药泥渗入糖色搅成酱红色，充作"肉皮"。"肥""瘦"相叠压实，敷上"皮"蒸透，即为酱肉。

素罗汉也称罗汉素、罗汉菜、罗汉斋。菜名出自释迦

鸡不是鸡，素肉亦非肉，其主料实为豆制品或面制品，但其色味形意与鸡和肉别无二致，其玄妙在于"素"字。素馔以黄豆为主料，加工成千张、素鸡、香干、豆腐、腐竹、面筋等，以山药、玉兰片、香菇（各种蘑菇）、木耳、发菜、黄花菜、莲子等为辅料，配以应时鲜蔬，精心烹制而成。素菜"三鲜"即：蘑菇（各种菌菇）、笋（玉兰片）和豆芽。黄豆芽调制成汤，雪白汁浓，赛过"鸡汁"，即为高汤。

素罗汉也称罗汉素、罗汉菜、罗汉斋。一般要选用十八种食材制作。花菇、口蘑、香菇、草菇、荸荠、毛豆、玉兰片、莲藕、腐竹、油面筋、素肠、黑木耳、黄花菜、发菜、白果、素鸡、马铃薯、胡萝卜等。白萝卜、西兰花、玉米笋、大白菜等蔬菜也可入馔。

牟尼的弟子十八罗汉。释迦牟尼圆寂时嘱托十八罗汉不入涅槃，永驻世间，弘传佛法，不少名山古刹都供奉有十八罗汉的塑像。罗汉菜始于唐代，众佛寺精选各种素菜为原料，一般要选用十八种，与"十八罗汉"同数，是对罗汉广为行善、弘传佛法的敬仰。基本食材是：花菇、口蘑、香菇、草菇、荸荠、毛豆、玉兰片、莲藕、腐竹、油面筋、素肠、黑木耳、黄花菜、发菜、白果、素鸡、马铃薯、胡萝卜等。白萝卜、西兰花、玉米笋、大白菜等蔬菜也可入馔。

　　素菜、素席是天津菜的重要组成部分，已传承百年。天津近代教育家林墨青倡导素食，文人学者，翕然从立。光绪三十二年(1906)，由天津人张雨田及子张鸿林创办的真素楼在商贸繁华地带大胡同开业，引领天津素餐风气之先。真素楼的匾额为天津近代教育家、书法家严范孙所题，并题联："真是情的元素，素乃谓之本真。"店堂还有近代名人邓庆澜题联："真是六根清净，素无半点尘埃。"大书法家华世奎题联："味甘腴见真德性，数晨夕有素心人。"一时间，文人墨客纷纷光顾真素楼，使其名声大噪，门庭若市。

　　20世纪30年代是天津素餐馆发展的鼎盛期。除真素楼外，六味斋、藏素园、素香馆、素香斋、蔬香园、长素园、真素园等遍布津城，至于无名小素餐馆为数更多。经精心研究，开发出几百款佳蔬精菜，可谓琳琅满目，风味非凡。著名素菜品有：香辣鸡丁、熘鸡肝卷、炒酱鸡、黄焖鸡、糖醋素鹅、八宝整鸭、黄焖鸭条、腐乳扣肉、南煎丸子、红烧狮子头、扒肘子、烧三丝、素酱肉、酱牛肉、炒鳝鱼丝、扒素鱼翅、扒海参、桂花干贝等，不胜枚举。这些素餐馆除经营便餐外，还包办普通素席、燕翅素席、鸭翅素席、海参素席等，还有外送或外会（即外做）的素菜酒席处。

　　在倡导绿色健康、养生保健、合理膳食的今天，使素食烹饪发扬光大，可谓正当其时！

骆玉笙爱吃烧二冬

小四（侣童强）

电台主持人

"千里刀光影，仇恨燃九城……"这段唱词大家都很熟悉，这是19世纪80年代电视剧《四世同堂》的主题曲《重整河山待后生》，演唱者是京韵大鼓表演艺术家骆玉笙（艺名小彩舞）。她是中国曲艺界代表人物之一，其舞台生涯长达80年，堪称中国曲艺史的奇迹。

骆老养生之道有二，一是大鼓，二是美食。唱大鼓须用丹田气，经常歌唱就如锻炼身体。骆老讲究饮食，尤喜山东菜。她爱吃的菜品很多，最喜欢的当属天津登瀛楼的"烧二冬"。

烧二冬用料简单，就是冬菇和冬笋这两样。做法也不复杂，把鲜冬笋和干冬菇切成块，油炸后用酱油、盐、糖、高汤烧制而成。成菜黑白相间、油亮红润，看起来就

有食欲！

这道菜大有讲究，冬菇必须是干冬菇，冬笋必须是鲜冬笋，用料含糊不得。不然，炒出来就不是味儿——这体现中国烹调的一大特点：食吃当令，选料严格。

冬菇又名香菇，泡发后香味才得以充分挥发，如用鲜香菇，不仅香味全无，口感不佳，而且容易出水，做出来就成了"炖二冬"了。鲜冬笋在冬季上市，冬季的笋脆嫩香鲜，如换成水发冬笋，那成菜就出现酸味，一道美味佳肴岂不成了"炒红果"啦？

骆老为何偏偏喜欢这道菜呢？烧二冬的食材出自南方，而骆老的青少年时代是在南方度过的，对南方美食自然熟悉。另外，当年天津卫的山东馆儿林立，骆老在天津定居几十年，是各大餐馆的常客，经过优胜劣汰的对比选择，她喜欢山东饭庄美味适口的菜品。山东鲁菜的菜肴品类如此之多，为什么偏偏喜欢烧二冬呢？作为鼓曲艺术家在饮食上是在意的，吃素菜不伤嗓子，要是天天来红烧肉、九转大肠，那骆老的金嗓子岂不就大打折扣了……

美味踪

圆满素食林饭店
河西区苏州道112号
井蹄莲素食餐厅
和平区常德道68号
七贝叶素餐厅
河东区华越道1号远洋新天地二层
孝顺素食
南开区西湖道36号增1号

051 饹馇素烩

饹馇是一种素食品，素烩是一道素菜，二者常见于天津民间素斋素席中。

天津西北御河两岸盛产绿豆、小米，沿岸百姓将二者磨浆混合成糊状，再用铁铛摊成薄饼，然后改刀切成方形或菱形小块，即为"饹馇"。当地民众喜食饹馇，在烹调时加韭黄、绿豆芽、蒜米等辅料，或炒、或熘、或烩、或糖醋烹，风味独特。

关于饹馇得名有一个美丽的传说——晚清，江河日下，内忧外患，朝廷上下一片凄风苦雨。一日，慈禧老佛爷正为缠头裹脑的政务犯愁，午时用膳，慈禧望着一道道美馔佳肴，食不甘味，无心下箸，急得大太监李莲英团团转。当传到一款直隶天津进贡的菜品时，慈禧眼前一亮：黄灿灿的油炸菱形面片衬着嫩黄的韭黄、洁白的蒜米、丰满挺拔的绿豆芽菜，蒜香、韭香、豆面香混合着油香，直沁心脾。老佛爷忙说："搁这儿。"老佛爷总算有了胃口，李莲英悬着的心才算落了下来，忙问传膳太监："此菜何名？"小太监想起慈禧刚才的话，灵机一动，答道：

饹馇是用绿豆、小米磨浆混合成糊状，再用铁铛摊成薄饼，然后改刀切成方形或菱形小块。烹调时加韭黄、绿豆芽、蒜米等辅料，或炒、或熘、或烩、或糖醋烹，风味独特。

制作素烩的主料是绿豆芽菜、卤水鲜豆腐、油炸豆腐、棒槌馃子、饹馇、素帽、红粉皮、白粉皮、豆丝、豆皮、面筋、黑木耳、白木耳、玉兰片、黄瓜等，调料有香油、酱豆腐汁、大料、葱姜蒜米等，重点突出腐乳味，素净，可口。

"搁这儿。"李莲英似懂非懂，反复念叨："搁这儿，搁这儿，炒搁这儿。"从此，一道名菜诞生了。

故事传回天津，成为民间笑谈。好事文人给"搁这儿"正名，于是便有了"饹炸""咯拃""格炸"等名称。商务印书馆1996年出版的《现代汉语词典》（修订本）给出准确的名词——"饹馇（gē·zha）"。"馇"为多音字，读"馇粥""八大馇"时，念"馇（chā"插"）"；读"饹馇"时，念"馇（zha"扎"轻声低平音）"。

饹馇吃法多样，较常见的是：蒜香炒饹馇、肉丝炒饹馇、糖醋饹馇、烩饹馇豆腐等。

素烩，也叫"素杂烩"，是天津"素八大碗"中的名馔，与炒饹馇同为素食者之最爱。用今日营养观念衡量，素烩和饹馇低脂、低糖、低胆固醇，不愧为降"三高"的绿色保健食品。

制作素烩的主料是绿豆芽菜、卤水鲜豆腐、油炸豆腐、棒槌馃子、饹馇、素帽、红粉皮、白粉皮、豆丝、豆皮、面筋、黑木耳、白木耳、玉兰片、黄瓜等，调料有香油、酱豆腐汁、大料、葱姜蒜等，重点突出腐乳味，素净，可口。

饹馇与素烩，在天津市内的餐馆里几乎绝迹，但在市区周边小饭店的菜单中还可看到，并作为特色菜品推荐，食客点餐率颇高。饹馇与素烩，属于地方风味，因地而异，做法多样，仁智互见。笔者曾在蓟县、宝坻、宁河、静海、武清等地的宴席上，吃过当地的饹馇与素烩，同中有异，各具特色。至于孰优孰劣，有待诸君郊游踏青时品尝评判。

饹馇品味分南北

郭鸿琦 文化工作者

几年前，在静海宾馆逗留几日，中午吃饭时，有一道菜与众不同，黄灿灿的面片，白生生的蒜米、黄绿渐变的韭黄点缀其中，无汤无汁，面香蒜香扑鼻，口感滑爽略有咬劲儿，味道香醇素净。一连几日，餐餐有此菜，但都被吃得盘干碟净。会议临结束最后一次就餐，服务员又端上此菜，并特意换了大盘。忙问服务员："此菜何名？"答曰："炒饹馇。"此后每进静海就餐必点炒饹馇。

在天津市区就餐，翻遍菜谱，从未发现炒饹馇的踪影。倒是有专营农家菜的餐馆，来自郊县的服务员知道炒饹馇，并指点迷津：郊县菜市场里有饹馇专售摊点。按图索骥，在静海县城的菜市场里果然如愿以偿。饹馇论斤卖，价格不贵。售货员说："饹馇是大众食品，就像粉皮儿、豆丝儿一样，无论回汉，家家都吃，并且单炒烩菜都行。"买一斤回家，照葫芦画瓢，蒜米儿炒饹馇，味道虽不及静海宾馆的馨香醇厚，却也说得过去。家中老人说，这东西过去在天津菜馆里也有，如熘饹

饸饹、糖醋饸饹等，现在倒成了新鲜玩意儿。

因工作关系经常往来于郊县，郊县餐馆里都有炒饸饹，但做法味道不同，原材料也有所不同。武清饸饹与静海饸饹最接近，原料、烹饪方法大致相同。武清朋友说，饸饹是他们的特产，最正宗，依据是制作饸饹的原材料取自北运河两岸。其实，这与静海朋友的解释如出一辙。只不过，静海人将原材料的产地归在南运河沿岸。天津最北端的蓟县也有炒饸饹，蓟县朋友说他们的饸饹最正宗，依据是广泛流传的民间故事，说慈禧老佛爷吃了饸饹后如何如何。北辰、宁河、宝坻的饸饹就有其名而无其实了。宝坻的饸饹像粉皮儿，虽颜色黄澄澄，但略微透明，颤颤巍巍，哆里哆嗦，且多为烩制，汤汁盈盘，似东北拉皮，几无面香可言。

饸饹吃多了，吃出点感悟：无论原材料如何，烹制方法怎样，也无论静海、武清、蓟县，饸饹产自天津，都体现出一股清新浓郁的天津味儿。

美味踪	静海宾馆	静海县静文路20号
	渔阳宾馆	蓟县城关迎宾路12号
	小辛码头农家乐2号院	宝坻区黄庄镇小辛码头
	文广渔村	北辰区大张庄镇朱唐庄

烹调最说
天津好

1999年12月，第四届全国烹饪大赛结果揭晓。天津代表团参加热菜、冷拼、面点和中餐技术技能服务四个项目的角逐，一举夺得48块金牌；六名选手荣获"第四届全国烹饪技术大赛优秀厨师、服务员"，两名获"全国最佳厨师"称号。各地名厨观看了天津选手的表演后赞叹不已，一致认为津菜技艺精湛，底蕴深厚。2001年津菜大赛又掀起了一股津菜热，身怀绝技的津菜厨师大显身手，对"津菜"情有独钟的美食家大快朵颐。由此，足以证明津菜的巨大魅力。

津菜形成的历史渊源

津菜作为当今一个著名的地方菜系，起源和形成于何时？这实在是一个大家都感兴趣的话题。

俗话说，民以食为天。可见"食"对人来说，是与生俱来的。人类为了自身的生存和延续，一刻也离不开"食"。但"食"在原始社会，生产力低下的时候，尽管有了火，恐怕也仅仅是起到"果腹"的作用；只有生产力发展了，生活水平提高了，人们才有可能把"食"作为一种"享受"来追求，真正做到"食不厌精，脍不厌细"，上升到文化的层次。

天津在中国是一个晚近发展起来的城市，自元代的直沽算起，至今也不过六百多年。元代直沽人的饮馔如何？虽因文献的无征，目前还不清楚。但直沽在漕运季节，有众多官府和达官权贵的存在，推测起来，他们吃的可能还不错。比如说，《天津卫志》所载的《接运海粮官王公、董鲁公旧去思碑》，专讲二人如何体恤海漕运粮的船户和为官的清廉自律，其中就有这样一件事，说"直沽素无佳酿，海舟有货东阳（古时中国有几个东阳，这里的东阳，指的应该是浙江的金华）之名酒，有司以进，公弗受"。当官的既然爱喝名酒，必然要佐以佳肴，这里的佳肴，大概算得上是津菜最早的前身——"直沽菜"了。

明代在直沽设卫筑城，由于官位是世袭的，便因特权产生出许多的弊病来。如卫官及其子弟"皆武流"，从不读书，而是"大酒肥肉"，"日以戈矛弓矢为事"，以"争相骄侈为高，日则事游猎，从歌舞，俱在绮罗纨绔之间"；"设席陈绣帏，列翠屏，夏以湘簟，冬以绒氍毹"；"夜则游宴，列炬之外，随以灯笼"。这就是说，在明代，特别是明代中叶以后，卫官及其子弟成为了直沽一个新兴的高消费阶层，白天设席，晚上游宴，而且陈设豪华，出行气派。与此同时，因为社会的需求，专门造酒的"沽酿家"，专门杀猪的"屠彘家"，以及"倡优"人等也出现了。我们可以想象，这里的"席""宴"一定不是一般的大酒肥肉，而是丰盛、考究的各种成桌菜品，可惜我们无法了解其具体状况。有了消费的需求，餐饮才容易发展，这也许就是津菜的源头了。这些记载，见于明人汪来所写的《天津整饬副使毛公德政去思旧碑》，当时人写当时事，应该是可信的。

明代卫官的消费，虽然促进了城市餐饮的发展，但有两点我们必须注意：一是消费者必定是少数，"时居其地者，不过勋戚将弁，卒徒贩负而已"（《津门杂事诗》吴廷华"序"）。二是这种消费仍局限在特权阶层中，后来天津的商业发展了，可是又受到宦官的把持，社会上没有富裕阶层的出现，对餐饮尚构不成普遍需求；在经营上也没有脱离"食宿不分"的状况。可以说，直到清初以前，天津的餐饮消费不算十分发达，再加上民风朴实，生活水平低下，以至饮食粗劣，烹制简单。菜品中，除了北方一般的菜蔬和肉类外，鱼虾蟹之类占了相当的比重，所以志书中仅有"嫩拌香椿食海蟹""天津螃蟹镇江酒"之类，作为美食的记载。

津菜进入社会，为较大消费阶层所接受，并初步形成地方菜系，应是清代，尤其是清代中叶以后的事情。

津菜的凸现

由于清代在军事上不再实行卫所制，先是把三卫并为一卫，后来干脆变为地方行政建制，以充分发挥天津"地当九河津要，路通七省舟车"的区位优势。随着地方经济的发展，户部钞关由河西务迁到天津北门外御河北岸的甘露寺，南北客商的到来，使天津出现了"五方杂处，逐末者众"的局面，促进了地方商贸业的发展。再加上天津是芦盐的产地，政府用"引岸制"进行招商，一批外来的精明盐商很快成了暴发户，使天津真正成了"商贾辐集之地"，"商出百万之课，民获兴贩之利"，社会开始普遍富裕起来。

人们有了钱，首先改善的便是吃，由"吃饱"变成"吃好"，由"吃好"再变成"吃精、吃细、吃八方"。近学北京，远鲁川闽粤潮汕，自开埠后以迄至20年代末国民政府定都南京，这种状况未尝稍改，只不过是中餐之外，又有了"番菜"（西餐），并把"番菜馆"开到了北京。所以人们传说，天津的"八大成"出现在康熙年间，早期饭庄多为京式，不是没有道理。

盐商有钱没处花，便要附庸风雅，盖起了上好的园林，招引大批文人墨客来"就食"。不用自己掏腰包，便能吃喝玩乐，这些人哪儿有不乐意的道理？以致"江东才子，投展争来，邺下词人，停车不去"。倒是那位风流诙谐、铁嘴钢牙的纪晓岚对这一点看得清楚，他说："文士往来于斯，不过寻园林之乐，作歌舞之欢，以诗酒为佳兴云耳。"（《沽河杂咏》"序"）不过，我们也不要把这些文人看得太"扁"了，正是有了文人的介入，餐饮才不仅限服务于达官贵人和巨商富贾，不仅是"以饫老饕"的鸡鸭鱼肉，而是开始上了书本，上了层次，上升为文化，使我们今日研究天津的餐饮历史不至于那么困难了。

除了河海通津优越的地理位置和五方杂处的社会条件有利于天津餐饮文化的交流、吸收与繁盛外，宽松的社会环境也有利于天津的餐饮发展。

清代北京在天子脚下，是全国的"首善之区"，社会控制极严，禁令多多，比如不准开戏园，不准设妓院，饭馆就餐不准划拳行令，有钱人花钱也得"悠着点"，不敢轻易"露富"。到了清末，实在管不了了，便把禁令限在内城，外城解禁，所以前门外"八大胡同"，实际上等于官方划定的"红灯区"。

天津虽与北京近在咫尺，但商人有一定的社会势力，纸醉金迷也无人管；后来又有了租界，社会状况更与北京迥异，民国初年的一则调查说："天津商肆之多且盛者，首推酒席馆……北京名公巨卿，遇有大宴会，辄苦拘束，不能畅所欲为；乃群趋津埠，呼卢唱雉，任意挥霍。风会所趋，而酒席馆遂应时大兴。高楼大厦，陈设华丽，远胜京师。每当夕阳西下，车马盈门，笙歌达旦。"（胡朴安：《中华全国风俗志》载佚名"天津社会观察谈"）让钱攥在个人手里，都当"守财奴"不行，只有通过种种渠道，吸引其流入社会，才能促进经济繁荣，由此也可见软环境之重要。

天津特有的物产，也给餐饮特色的形成以有力的支持。由于滨海盛产鱼虾，清中叶时，"每岁谷雨后，渔人驾舟出海，约三百号，所捕鱼不下三十种"，"海蟹饶于春，河蟹至秋乃肥"。"虾之出于河者，四时裕如"，"青曰青草虾，白曰白米虾，出于港者曰港虾，出于海者曰黄虾，其大者曰对虾"，"惟银鱼为特产，严冬水冱（hu，去声，寒冷凝结），游集于三岔河中，伐冰施网而得之，莹清澈骨，其味清鲜，非他方产者所能比"，"天津环境溪流，随处可以戽水浇畦，故园圃蔬茹之饶，四时弗绝"（《天津县新志》卷二十六"物产"）。

勤劳聪慧的天津人，凭借着自身"水陆交冲，民物繁盛，僚幕贩商，比比皆是"的地缘和人际优势，博采左近众家菜系之长，很快便研究和创造出以河海鳞蚧之属为主料、不同凡响的津菜，受到广大食客的青睐和赞扬，并且出现了一批著名的餐馆，令人久久难忘。

天津餐饮业的兴盛与发展

前面几段，不过是概括性的说明，往下，我们该看一看津菜具体的兴盛和发展过程。

清康熙以前，天津尚没有大的饭庄，但是流传于民间，并由一般饭庄经营的"四扒""八扒"（"扒"是个概略词，在制作上并不仅限于"扒"法）或"八大碗"已经出现，而且对多数家庭来说，已是席中的上品。

清代中叶以后，天津城市迅速繁荣。水陆生意好，远聚四方财，很快发展成"蓟北繁华第一城"。闲暇生活的丰富，消费水平的提高，餐馆消费渐成时尚。乾隆时举人杨一昆作《天津论》说："你请我在天兴馆，我还席在环佩堂……来到竹竿巷，上林斋内占定上房，高声叫跑堂，干鲜果品配八样，绍兴酒，开坛尝。有要炒鸡片，有要熘蟹黄，有要泡（爆）肚烧肠，伙计敬菜十几样。"这是关于"敬菜"的最早记载。他写的《皇会论》中，又有"到晚来下了个名庆馆"，这名庆馆，一直存在到同光年间。此后，经营大饭庄的风气亦由北京传到了天津，樊文卿（彬）的《津门小令》说："津门好，生业仿京城。剧演新班茶社敬，筵开雅座饭庄精，开市日分明。"自注："茶馆演戏，京城最盛。津中近亦多有包办酒席者，曰饭庄，亦学京式。"这大约是嘉庆年间的事。然而时隔不久，到了道光一朝，情况大变，天津不但出现了著名的特色餐馆，而且形成了自己的菜系，菜品之佳，也得到了津门食客的首肯。在崔旭的《津门百咏》中，有"酒馆"一首："翠釜鸣姜海味稠，咄嗟可办列珍馐。烹调最说天津好，邀客且登通庆楼。"这通庆楼，便是记载中最早出现的又一家著名餐馆。"烹调最说天津好"，不正标志着天津自己的菜系已经形成了么。

迨至天津开埠，中外互市，华洋错处，轮艘贸迁，各省宦商及四方人士来游者，接踵而至，进而造成了天津餐饮业的空前发达。这时的天津，不但饭菜精致考究，而且店堂装饰华丽，服务周到可人。比如，同光年间著名学者李慈铭曾于1865年从北京来到天津等候轮船，并偕友人宴饮于名庆馆、兴盛馆、万庆园、聚庆园等处，他的评价是："津门酒家，布置华好，馔设丰美，较胜都中。"比北京还好。这16个字，是外地食客初到天津用餐后的第一评价，应该说是比较客观的。在李慈铭的旅津日记里，还有另一则记载："饮名庆馆……津门酒家，以此馆为第一。然馔设布置，俱不及万庆园也。"可见万庆园的菜品，乃至店堂的装修，在当时都是十分讲究的。天津餐馆的服务，也有独到之处，李慈铭说："津门酒保，例于正餐外，进果羹四碗，食物四盘，杏酪人一盅，谓之'敬菜'。"以"敬菜"方式，向来店用餐的顾客表示感谢，至今在一些餐馆又时兴起来，不过形式有所变化，一般是在上最后一道菜时，由服务员同时再上一道本店的特色菜，或在餐后上一个水果拼盘，并说明是由经理或店方敬送大家的。追本穷源，用"敬菜"招徕顾客，很可能在乾隆年间出自天津，不然杨一崑、李慈铭等人不会特别加以记载。

到了19世纪末，天津的餐饮业已取得了长足的发展，具有地方特色的饮食，从南到北，甚至包括洋餐，都来到天津落户，著名的餐馆比比皆是。随着天津城市的成长，经营的地点也逐渐由传统的市区扩大到租界一带。如北京饭庄，没有门脸，不卖散座，一般都是几进的大四合院，庭院宽阔，环境幽雅，室内陈设花梨紫檀等高档家具，悬挂名人字画，各种餐具成桌成套，贵重精致。有的饭庄还允许食客从妓院里叫来妓女"吃花酒"，并备有鸦片烟具，以备客人酒足饭饱之后，喷云吐雾。再大一点的饭庄，设有戏台，可以一边用餐，一边欣赏戏剧或曲艺演出。饭馆，则要有高大明亮的门脸，宽敞讲究的店堂，既有散座，也有雅座单间。能同时开出几十桌宴席，不散不乱，档次齐全。高档的有满汉全席，鱼翅重八席（八八席），中档的有鸭翅六六席，普通的有海参席。

据1898年出版的《津门纪略》说，当时天津有各类名餐馆35家，名食品19种。还有一条资料，亦足以说明当年天津餐饮业的发达，据佚名《津门小志》载，清末时，天津的餐馆"约五百有奇。其中著名者，为侯家后红杏山庄、义和成两家，其次则为第一轩、三聚园。装饰之华丽，照应之周到，味兼南北，烹调精绝。大有'座中客常满，樽中酒不空'之概。下箸万钱"。"侯家后本弹丸之地，而酒家茗肆，歌榭妓寮，大都聚于此处。就侯家后一隅而论，一日一夜，可费至千金。"在当时的激烈竞争中，有八家"成"字号的津菜馆胜出，这就是：聚和成、义和成、聚庆成、庆乐成、聚合成、明利成、聚乐成、聚德成，远近闻名，被称为"八大成"。

20世纪初，是天津城市社会的又一变化时期。八国租界的并立，与城垣的拆除客观上促进了天津的发展，使天津很快成长为北方最大的工商业和港口贸易城市，资本大量聚集；而辛亥革命后国体的变更和政局的紊乱，又使天津租界成为前清皇室、遗老，以及民初下台的军政显要蛰居之所。这些人一般囊中充裕但无所事事，外出品茗赴宴成为他们消磨光阴的方

式之一。这一切，促使天津的餐饮业空前发达。首任京师大学堂管学大臣、学部尚书荣庆在民初的居津日记，为我们提供了绝好的材料。

荣庆是在1912年"壬子兵变"的次日举家迁津的。先居于日租界，旋即卜居英界，常与旧时京中旧友如兵部尚书铁良、东三省总督徐世昌、学部左侍郎严范孙等人酬酢往还。现在的荣庆居津日记所记常去的餐馆就有20余家，如鸿宾楼、锦江春、醉春园、聚乐园、三阳楼、阳明楼、正阳楼、泰和春、会芳斋、松竹楼、富贵楼、第一楼、同福楼、源丰楼、聚丰园、泉聚楼、中豫楼、沁春楼、餐华楼，以及新开的义和楼、东兴楼等。偶尔去番菜馆吃西餐。这些记载中，不乏有价值的东西。如荣庆自幼生长在成都，于川菜自然情有独钟，一次，"饭锦江春，味兼蜀吴，至为精美，且与铺长操蜀语问答，亦有趣也。"说明锦江春在天津是一家地道的川菜馆。此外，还记录了一些天津的特色餐馆，如"饭源丰，大有京门风味"，"食炙羊于正阳楼"，"食面三阳楼"，"至松竹楼食早点"。有的餐馆还可以把整桌的酒席送到家中，如：荣庆为其三婶母过生日，"饭于客厅。早晚均用醉春园，价廉肴丰，宾主意洽"。可见，馔设精美，肴丰价洽，一直就是天津餐饮业的传统。

素馆在天津也属有名的特色菜品。当时开业的有北门外的长素园和大胡同的真素楼，法租界的六味斋等几家，其中以张雨田在1906年开设的真素楼，以设备洁净，价格便宜，四远驰名，营业也非常火爆，后由其子张鸿林继承父业。这些素馆能把豆腐、面筋、豆皮等制成鸡、鸭、鱼、肉的整桌菜肴，味道鲜美，颇具匠心。军阀靳云鹏、孙传芳等下野后，在东南角设居士林，茹斋吃素，真素楼为迁就这批食客，遂迁址南市。

民国初年，著名教育家提倡素食，知识界起而响应，纷纷到真素楼就餐。门脸虽然不大，但上悬严范孙先生题写的匾额，屋内挂着僧觉非的对联："真是情的元素，素乃谓之本真。"时任教育局长的邓庆澜对联："真是六根清净，素无半点尘埃。"著名书法家华世奎的对联："味甘腴见真德性，数晨夕有素心人。"此外，当时的闻人言敦源、李容之、朱家宝等亦在店中写有题联，可见其影响之大。

在津派清真馆中，有著名的"九大楼"（一说为"十二楼"），为会宾楼、鸿宾楼、会芳楼、畅宾楼、迎宾楼、大观楼、相宾楼、富贵楼、燕春楼等。其经营特点是，除了山珍海味和爆、烤、涮之外，能用牛羊肉做出数十种独具特色的名菜，如清蒸鲥鱼、红扒鸭子、扒黄鱼翅、全羊、炸羊尾、黄焖牛羊肉等。特别是鸿宾楼，设有接待外地来津的伊斯兰专用房间，可做礼拜。京派清真馆以永元德最有名，从推车卖羊杂碎发家，以京式肉饼驰名远近。著名的中下型清真馆有南市东兴大街的增兴德，所售牛羊肉蒸饺最有名；首善大街的马记仁义馆，以烧卖最有名。

闻名全国的山东馆，这时在天津达到了鼎盛时期，先后开设有十大饭庄：登瀛楼、全聚德、蓬莱春、松竹楼、同福楼、天源楼、天兴楼、会英楼、万福楼、永兴楼等。其拿手好菜为外焦里嫩的焖炉烤鸭、红扒鱼翅、红扒乌参、九转大肠、酱爆肉丁、糟熘鱼片、醋椒鲤鱼、炸高丽银鱼、清炒虾仁、紫蟹锅子等，均无与伦比。重八席、六六席、海参席（含干贝、鱼唇、鱼肚）的席面，也与津菜不同。

开埠后形成的华洋杂处局面，也使天津的西餐业从19世纪末在北方率先得到发展，是西餐最早进入中国北方的基地。当年，中国人管西餐叫"番菜"，20世纪初，北京前门外有家拮英番菜馆，据说就是由天津东乡李明庄人开设的。

开埠之初，天津的西餐店大都由外国人在租界里开设的旅馆经营，此外便是一些西点店，开业较早的有弥纳客店、施摩斯客店、兰士颠点心店。稍晚，有环球饭店（今皇宫饭店）以及德商开设的利顺德饭店等。

那时天津吃西餐和西点的人，不外是洋行的华经理一类。1870年直隶总督曾国藩来天津办理天津教案，随行的幕僚中有大名知府李兴锐，工暇之余，去紫竹林同昌洋行，主人预备了"细茶、鲜果、洋点心"。他在日记中自注说："洋点有鸡蛋糕、葡萄糕之类。"这是今天我们所能见到的有关国人吃西点的最早记载。

直到19世纪末和20世纪初，天津西餐馆的经营者和顾客主要还是外国人，可是到了20世纪二三十年代，西餐业却在天津异军突起，租界内外西餐馆林立，著名的有利顺德、国民、惠中、福禄林、福德、义顺合、义国饭店等。那时，只要到了天津，就可以吃到英、法、德、俄、意各式大菜，甚至在日本料理遍地的日租界，也有日营西餐馆新明食堂。一时间，天津成为北方西餐业中心。此外，由于观念的更新，不少开明家庭的红白喜寿宴会，也改在了别有一番风味的西餐厅举行。

当年西餐之所以能在天津大行其道，一是地道纯正，确有异国风味。如专营法式大菜的意租界回力球场，主厨都是意大利人，不只作料，就连整条的鲜沙门鱼也从国外进口，西餐小吃多达几十种，从烹调到服务质量使其他西餐馆难以望其项背。每逢星期六或圣诞节，须预先订座。据当年品尝过回力球场西餐的老人回忆，除了上海的国际饭店，天津回力球场的西餐在当时的远东也属上乘。此外便是法国球房，这是一家法国侨民的内部俱乐部，所供的法式大菜自然得天独厚。1943年法国球房旁边开设了一家由意大利人经营的DD´S西餐厅，座位不多，以意大利面条著称，进餐时有三名外国老乐师组成的室内乐队演奏西洋乐曲，代表了当时的流行与时尚，其前身乃是曾将西餐名菜"铁扒杂拌"引进天津的美国饭店。此外便是正昌咖啡店（Karatzsas），老板为希腊人达拉茅斯兄弟，自己进口各种咖啡豆，现磨现卖，而且正昌经营的法式西餐和西点，绝不亚于当时的起士林。

二是随着城市经济的发展，一般人消费水平有所提高，西餐以其独有的风味与特色，为更多的国人接受。普通的西餐，大都集中在南市、日租界一带，首推南市的华楼（据说系末代皇帝溥仪的舅父良揆所建，除西餐厅外，还设有京剧票房），以及德义楼、新新公司（也叫新旅社）和新明大食堂。在东兴大街有上权仙电影院经理周紫云与聚华戏院经理米寿山合开的西餐馆洋饭店，永安街则有松亭西餐食堂。

中档西餐厅最具代表性的，是广东人陈宜荪、陈理范父子开设的福禄林舞餐厅，这里店堂宽阔，装修考究，可以举办西餐宴会、舞会，是一些人享受西式餐饮娱乐的首选。1930年兑与他人，改名永安饭店。东马路的青年会附设的西餐馆，以及黄家花园祯源里的小猫饭馆，经营西餐亦具一定的档次。

中国人经营的高档西餐厅，有1923年开业的国民饭店，大股东系清末刑部尚书潘祖荫之后潘子欣。另一家西餐厅惠中饭店也曾名噪一时，三教九流，联袂而往。英租界都柏林道

（郑州道）有一家住宅式高档西餐馆夏太太饭店，老板夏太太厨艺高超，能做一手地道的俄式大菜，专门招待高等级食客，营业极佳。

后来居上的华人西餐馆当属义顺合，经营者为山东人齐竹山和郝如九，他们由东北请来了著名的西餐、西点和糖果大师，专营俄式大菜，业务盛极一时。由于义顺合与起士林相距不远，双方竞争十分激烈。天津沦陷后，很多人向租界转移，英租界一度畸形繁荣，义顺合乘机积累了不少资金，遂在附近的中和村拟建一座七层大楼，并改名维克多利。1938年开工，翌年天津闹大水，地基受损，经鉴定只能盖四层了。1940年6月大楼竣工，立面雄伟壮观，装修豪华典雅，楼顶有霓虹灯饰和露天餐饮花园，极富现代气息，其规模在亚洲属第一。不久义顺和又开设了两处分店，称小维克多利或小义顺合，一家在法租界劝业场旁门对过，一家在法租界法国球房对过。其本部大楼在新中国成立后经过调整，改成了今天的起士林。

三是小型西餐店如蜂而起。在法租界有中东铁路局职员于、周二人合伙经营的华宫餐厅，厨师由哈尔滨请来，以经营俄式零份西餐而出名，后因股东拆伙，改名华洋餐厅，天津沦陷后为避"洋"字，改为华阳餐厅。天祥后门有文利西餐馆，系文利鲜货铺所设，首创零份西餐，全天供应冷食和西餐，1939年大水后兑给二合义奶酪铺。文利西餐部，以日本菜鸡素烧最有名，新中国成立后迁至塘沽，改名渤海餐厅，成为塘沽区第一家西餐店。日内瓦西餐店系捷克人佐拉开设，不久即易主，改名为Rosemary，后兑给起士林。在英租界小白楼一带，有太平食堂、天津食堂和华富林食堂，这三家都是白俄夫妻店，供应一菜一汤，面包、咖啡免费，均为地道的外国口味，价格低廉，质量可与上海的罗宋大菜相媲美。在大沽路与狄更生路（徐州道）拐角处，有一家大成西餐厅，经营俄式大菜和西餐小吃，别具一格。

当年天津的特色西餐馆，有赵道生（张学良夫人赵四小姐之兄）在圣路易路（营口道）开设的大华饭店，但不数年即行歇业。1938年改由寿德大楼业主胡氏兄弟接手，重张开业，以聘请著名的京剧演员来店清唱而著名。1939年梅兰芳由美国取得博士学位归来，途经天津，即应邀在大华清唱，其他如著名京剧演员余叔岩、尚小云等也曾先后来大华清唱助兴。当时各家报纸闻讯纷纷刊登消息，实际上是为大华作了广告。

历史上，天津西餐烹制考究，力求正宗，无论是精美的头盘、最见功力的汤类、风味各异的主菜，还是各式各样的甜品、面包或洋酒、咖啡等，都能做到档次齐全，应有尽有。

天津的西餐对于中餐的影响不小，最具代表性的是首开中餐、西餐的交流之风。如当年天津大的中餐馆里均添有"西法大虾"这道菜，后来又普及到了一般的中小餐馆，至于中餐馆里的沙拉了，铁扒鱼等等，都是由西餐馆传入的。一些中餐馆还一度盛行"中菜西吃"，此法首创于至美斋，其实就是从西餐学来的套餐或份饭，店家用七寸碟盛菜，但减少菜量，降低价格，这样，一个人一顿饭可以吃上三四个菜，且花费不多。

总之，20世纪二三十年代是天津餐饮业发展的顶峰时期，这一时期，天津新开业的各大旅馆所设高档餐厅环境幽雅，餐饮中西兼备，可称北方之最。

国势日蹙与天津餐饮业的衰微

大革命失败之后，国民党政府迁都南京，未久，日本帝国主义又在东北发动了"九一八"事变，天津的经济地位大受损伤，市场日益萎缩，民生逐渐凋敝，餐饮业首当其

222

冲，所受影响甚大，几乎所有的饭馆都被迫向低档化看齐。

　　成书于"七七事变"前夕的《天津游览志》，对这一时期天津餐饮业的衰微有着比较翔实的记载。

　　在北门外兴旺一时的天一坊和十锦斋，随着南市的繁盛都在那里开设了分号，但是到了30年代中，已是举步维艰，天一坊只是在梨园界或遇上红白喜事的宴会时，才热闹一阵子，十锦斋则要靠门口"女子招待"来吸引顾客。平时，包括像归贾胡同的慧罗春那样的大饭馆，都只能打出"小卖俱全"的幌子，靠卖散座维持生计，许多熟主顾到这里也只是吃点味美价廉的各馅锅贴来解解馋。而山西馆在军阀执政的时代，兴盛了一把，到这时只能卖一些拨鱼、刀削面一类尽人皆知的大众食品。

　　狗不理包子虽然声名依旧，但此时在北门外又有了一条龙和半间楼两家包子铺，与之平分秋色。著名的山东馆如登瀛楼（开业于1931年）、松竹楼、全聚德等也加入到涮羊肉的行列之中。

　　沦陷八年，日本对天津残酷掠夺，人民苦不堪言。好不容易盼到了胜利，"接收大员"纷纷北上，他们在天津巧取豪夺，用不义之财大吃大喝，一度刺激了天津餐饮业的短暂回升，特别是南菜馆增加很多，像玉华台、美丽川菜馆、宏业食堂、周家食堂、王正廷面馆等，都各具特色。可是不久，国民党又挑起了内战，全国经济崩溃，物价一日三涨，天津的餐饮业在新中国成立前夕已濒临着破产的境地。

解放后重现辉煌

　　天津解放后，经过三年的经济恢复，从1953年起，开始实行发展国民经济的第一个五年计划，各行各业，欣欣向荣，恢复和发掘传统名优特食品的工作在全国展开。狗不理包子铺就是1956年在原副市长李耕涛同志的关怀下重新开业的。

　　特别是党的十一届三中全会以后，改革开放为津菜重现辉煌带来了勃勃生机。从20世纪80年代开始，天津的餐饮业再放异彩。1985年1月1日，全国第一座汇集近百家著名餐馆和数百种美味佳肴的南市食品街隆重开业，其中有全市各大名馆的分号。2001年经过大规模修缮，食品街以崭新的面貌走上了新世纪的征程。

　　最值得一提的是，天津作为历史文化名城，餐饮文化自是其中的重要组成部分。近年来，政府大力提倡发展天津菜，弘扬餐饮文化，津菜基地红旗饭庄、天津菜馆、狗不理大酒店、鸿起顺等一批著名的饭庄和名菜名宴得到发扬光大。

　　天津的西餐业同中餐一样，文化底蕴博大精深，可供我们发掘和采撷之处非常之多。尤其是在改革开放之后，同样迅速得到恢复和发展，而且经营火爆，人才辈出。一批历史名店恢复了固有传统和特色经营，一批新建的国际著名饭店应运而生，五大道地区更兴起了众多的家庭式西餐馆。特别是随着滨海新区的迅猛发展，知名国际品牌饭店、西餐店先后涌入，成为当前天津西餐业最具发展潜力的地方。

　　前人云，"烹调最说天津好"，现在我们可以骄傲地讲，"时至今日更辉煌"。

什么是"味儿"？易中天说："不是'腹之饱'，而是'口之乐'。"天津味儿，即卫嘴子"口福"之乐也。

写卫嘴子之乐是本书的终极追求，也是本书区别于菜谱罗列、故纸钩沉、天马行空等写法之根本所在。欧阳应霁的《香港味道》，陈连生、肖正刚的《北京小吃》给我以启迪。马春雨策划、尹桂茂主编的《津门食萃》，由国庆的《天津卫美食》，张英凤主编的《津菜》，红桥政协编写的《红桥小吃》，则为本书提供了翔实的资料。

一向以严肃题材见长的天津人民出版社突破惯例予以支持，黄沛社长对我这本既不学术、又不商业的小书关爱有加，并约定，不收取任何商家的费用以示公正，只为寻味者负责，算是为美食驴友做一份功德。数字出版部刘子伯、陈烨为小书奔波，从书稿审定、照片的补拍和选定，到版式设计，推广策划，处处体现了年轻人的活力和创新精神。

我是土生土长的天津人，对于吃，不甚讲究，更无研究，只是日常积累的烹调常识加上粗浅的认识而已。为写此书，硬赶鸭子上架，打开味蕾，睁大双眼，四处踅摸，便也识得了几分天津味儿；为写此书，逼得一干新朋老友，道出儿时记忆、里巷味道和心得感受。94岁高龄的红学大家、天津老乡周汝昌老先生

后记

为本书欣然填词代序，美誉"新书一卷作食经，沽上流传称盛"。语言学家、天津地域文化研究学家的天津师范大学谭汝为教授，不但为本书作序，还惠赐多篇美文，并为全书把关、修饰、审定，他是本书的实际编审者。天津市文史研究馆馆员、天津市社会科学院历史研究所原所长、历史学家罗澍伟先生将多年对天津饮食历史研究的成果赐予在下。原天津史志办主任、天津史学家郭凤岐先生，天津博物馆原党委书记、天津近现代史专家陈克先生，天津档案馆近代天津历史研究中心兼职研究员、天津民俗博物馆由国庆先生，津味儿小说作家一默（郭文杰）先生也为本书欣然提笔就章。在天津民俗研究界颇有影响力的张显明、高伟二位老先生，谈起天津美食一往情深，赐稿多篇，但因篇幅和出书宗旨所限，只得保留一二。国家级烹饪大师白庆华、王文汉、张长河为本书做专业顾问，提供信息，答疑解惑，指点迷津。天津清真菜名厨王云海、宋晓海为清真美食把关。原红桥区政协主席黄禄衡先生给予了大力支持。为多角度体现不同阶层不同年龄不同性别的天津人对天津味儿的感受，编者走访了教师、律师、工程师、记者、编辑、DJ、演员、官员、警官、企业家、武术家、传统美食传承人等各界人士，或撰稿或接受采访，为本书增色添彩。

为撰写修订这部书稿，曾多次组织津门学者聚会研讨。如陈克、张显明、谭汝为、高伟、刘彤、栗岩奇、李有华、由国庆、穆森、刘利祥、刘哲、杜琨等都先后出席，不但为之撰稿，且为之指点献策。就本书命名，李有华律师举一反三，建议以谭汝为教授在天津电视台收视率极高的"这是天津话"和"这是天津卫"两个系列谈话节目名称为样本，将谈天津饮食的这部书定为"这是天津味儿"，与会者齐声称绝，于是书名就定下来了。

在本书即将付梓之际，央视纪录片频道《行走的餐桌——京杭大运河美食之旅》摄制组的编导牛捷"寻味儿"而来，按图索骥，拍摄编排了《行走的餐桌》第九集，即用《这是天津味儿》做纪录片名。

小吃、正餐、早点，你、我、他，天天想、天天见、天天吃，系于腹、情于口、盈于脑。可您要想将众多吃食准确归类，恐怕无法办到。分了不如不分，避免引起无端的争议，还是约定俗成吧。

虽百般精心，众人捧柴，仍不免挂一漏万，惹方家一笑。

2012年4月于津沽浩天源

天津便宴推荐食单

汉民席

冷荤：
炒海棠果　鸡丝拉皮　独流焖鱼
白菜心拌蜇头　罗汉肚　大拌菜

大件：
晋蹦鲤鱼　炒青虾仁　干贝四丝　烧海参
炸烹虾段　虾籽面筋　盐爆鸡丝蜇头　麻粟野鸭
扒蟹黄鱼肚　扒全素　天津全爆　炸河刀鱼

饭菜：
四喜丸子　家熬鲫鱼　天津烧肉　醋椒鱼

清真席

冷荤：
水爆肚　酱双拼（酱牛腱子、酱牛肚）　炒红果
芥末墩白菜心　拌蜇皮　焖酥鱼

大件：
锅塌三样　孜然羊肉　红烧牛尾　焐羊脑
盐爆散旦　清炒虾仁　素焐面筋　焦熘里脊
软熘鱼扇　鳎目炖肉　爆三样　它似蜜

饭菜：
扒牛肉条　红烧黄鱼　砂锅炖羊肉　扒湖鸭
或：
三鲜烧卖　羊肉蒸饺　挂炉烤鸭

捞面席

高档：
炒青虾仁、韭黄鸡丝、桂花鱼骨、炒鸡茸鱼翅针

中档：
熘蟹黄、樱桃肉、苜蓿虾仁、炒三鲜肉

低档：
糖醋面筋丝、熘黑鱼片、肉丝炒香干、摊黄菜

三鲜卤
菜码：青豆、黄豆、菠菜、红粉皮、白菜丝、黄瓜丝、
　　　胡萝卜丝、豆芽菜